空天信息技术系列丛书

卫星物联网数话同传技术及其应用研究

何贵青 赵玉亭 编著

西北工业大学出版社
西 安

【内容简介】 本书是作者团队近年来在卫星物联网通信领域的一种应用研究成果总结:以基于低成本物联网等极窄带无线移动通信技术为基础,实现语音和数据同时传输的规模应用需求为背景,系统介绍了卫星物联网、应急通信产业、语音编码技术的发展及应用现状与短板,窄带语音压缩技术的基础、原理、方法,超低码率语音压缩算法的实现及声码器嵌入式设计和安卓端应用的数话同传通信功能实现工作,最终完成了卫星物联网数话同传系统的设计,并分析了其行业应用市场与优势。全书共 6 章,内容包括绪论、窄带语音压缩编码技术基础、超低码率语音压缩算法原理与实现、卫星物联网数话同传系统的设计与实现、窄带语音压缩技术的安卓移植及其试验、卫星物联网数话同传系统的行业应用。

本书可供从事窄带语音压缩技术领域研究的科研及工程技术人员参考,也可作为高等院校信号与信息处理、通信工程等专业及学科的高年级学生的辅助读物。

图书在版编目(CIP)数据

卫星物联网数话同传技术及其应用研究 / 何贵青,
赵玉亭编著. — 西安 : 西北工业大学出版社,2023.3
(空天信息技术系列丛书)
ISBN 978 - 7 - 5612 - 8675 - 3

Ⅰ. ①卫… Ⅱ. ①何… ②赵… Ⅲ. ①物联网-卫星
通信-通信技术-研究 Ⅳ. ①TP393.4 ②TP18

中国国家版本馆 CIP 数据核字(2023)第 055827 号

WEIXING WULIANWANG SHUHUA TONGCHUAN JISHU JI QI YINGYONG YANJIU

卫 星 物 联 网 数 话 同 传 技 术 及 其 应 用 研 究

何贵青　赵玉亭　编著

责任编辑:华一瑾		策划编辑:华一瑾	
责任校对:朱辰浩		装帧设计:高永斌　董晓伟	

出版发行:西北工业大学出版社
通信地址:西安市友谊西路 127 号　　邮编:710072
电　　话:(029)88491757,88493844
网　　址:www.nwpup.com
印 刷 者:陕西博文印务有限责任公司
开　　本:787 mm×1 092 mm　　1/16
印　　张:8.375
字　　数:220 千字
版　　次:2023 年 3 月第 1 版　　2023 年 3 月第 1 次印刷
书　　号:ISBN 978 - 7 - 5612 - 8675 - 3
定　　价:68.00 元

前　　言

近年来,为了解决自然灾害造成的巨大经济损失和人员伤亡问题,提高各行业的应急通信保障能力,以保障人民的生命财产安全,我国不断鼓励应急通信产业的发展,应急通信方式开始走向卫星化、专网宽带化等多方面,对卫星终端、专网通信终端及相关系统产生了巨大的需求。同时,我国的北斗三号全球卫星导航系统正式建成开通,具备定位导航、短报文通信和国际搜救等多种服务能力,特别是独有的短报文通信功能能够提供区域和全球的短报文通信服务,广泛应用于军事演习、海洋渔业、应急管理及公安应急通信指挥等领域,具有广阔的市场需求和应用前景。

语音编码技术作为语音信号处理的一个重要内容,随着人们对通信网络容量的分配和利用需求,在语音通信领域、降低语音信号的码率等方面一直是研究者追求的目标。目前,应急通信产业的应用研究处于蓬勃发展阶段,为了考虑带宽资源的利用,并保证获得高质量的语音,超低码率的语音编码技术和算法成为人们在应急通信领域的研究热点。

随着国家对应急通信行业的重视以及北斗三号全球卫星导航系统正式开通的契机的到来,未来北斗系统在应急通信领域的应用与产业化将极具潜力。本书既能够引领从事语音信号处理技术、窄带通信技术等理论研究人员对卫星通信技术应用的研究,也能引起人们对应急救援和户外作业等领域的卫星产业市场的关注,促进企业、高校、科研机构联合平台对更加符合目前应急通信环境下团队所需通信产品的研发设计,带动北斗产业链及应急通信市场的发展。

本书是笔者团队近年来在北斗导航和短报文通信领域的研究成果总结,旨在利用窄带语音压缩编码技术为北斗短报文增加语音通信功能。以超低码率语音压缩算法的实现解决现存高码率语音编码技术难以适配极窄带通信技术的痛点,这使得利用北斗短报文等窄带通信技术实现语音通信成为可能。以声码器硬件设计和 Android 平台上团队协作应用程序(Application,APP)的开发,发挥北斗短报文功能的应用优势,使得北斗导航系统能够服务于民。本书从技术理论研究到工程实践,展现窄带语音压缩技术的特色优势,对推动北斗导航系统在应急通信领域的应用研究具有一定的理论和实践意义。

本书体系完整,系统性强;内容上从技术理论到工程应用,丰富新颖、阐述透彻。

在编写本书过程中,参考了相关文献资料,在此向其作者表示感谢。

由于笔者水平有限,书中难免存在疏漏之处,敬请广大读者批评指正。

编著者

2021 年 11 月

目　　录

第1章 绪 论

1.1 物联网卫星系统简介与发展需求

进入 5G 时代,万物互联当道,移动物联网的快速部署已经成为 5G 时代乃至未来的重要趋势。然而,物联网技术需要依靠基站等基础设施来完成区域覆盖,这种连续不间断的覆盖需要大量的基础设施投资建设。由于在岛屿、沙漠、海洋等人迹罕至的偏远地区安装基站和铺设光纤线路等基础设施建设难度大、成本高,世界银行数据显示,目前地面物联网蜂窝基站的陆地覆盖率约为 20%,而海洋覆盖率则不到 5%。卫星物联网通信技术能够突破因地面基站所不能及导致的物联网覆盖限制,不受地理环境和气候环境影响,具备全天时全天候服务能力,目前,国内外已有多家企业启动了卫星物联网计划,让卫星物联网市场绽放出了巨大的潜力。

根据全球多家咨询机构的预测情况,卫星物联网产业在未来全球物联网生态系统中意义重大、行业需求广泛。从市场规模来看:美国权威卫星行业咨询公司 NSR 预测,2022 年将有 1 亿至 2 亿台物联网设备有接入卫星的需求;麦肯锡公司预测,天基物联网的产值在 2025 年可达 5 600 亿美元至 8 500 亿美元。从应用场景来看:农业管理、工程建筑、海上运输和能源行业将成为卫星物联网最重要的应用方向,能够对相关行业的发展模式产生重大影响。例如:在农业应用方面,卫星物联网能够大面积收集农场的土壤成分、温度、湿度等数据;在工程应用方面,卫星物联网能够实现对偏远地区土木工程项目的远程监控;在海运应用方面,卫星物联网能够全程跟踪海上船舶和集装箱,提高货运的效率;在能源应用方面,卫星物联网可以监控天然气、石油和风能等能源在市场上下游的流动数据,以此得到投资回报比更高的解决方案;此外,在水资源监控中还可以提高缺水地区的水资源利用率,有利于促进缺水地区的可持续发展。

卫星物联网在 20 世纪 90 年代末初步产生,以铱星(Iridium)、全球星(Globalstar)、轨道通信(Orbcomm)为代表的低轨移动星座均展开了各自的物联网计划,并持续推动了应用范围和深度的不断拓展。近年来,商业航天技术快速发展,可回收运载火箭、"一箭多星"等技术正在持续降低卫星发射的成本,因此利用小卫星及其先进的制造技术来推动流水线的批量生产已经成为行业标配。随着卫星研发和制造成本的不断下降,准入门槛正在进一步降低,有利于初创企业缩短建设周期、降低研制成本并实现快速组网。

较早在轨运行的卫星物联网计划是轨道通信公司的 Orbcomm - 2,该计划的 18 颗微型卫星在 2012—2015 年间全部完成了发射,目前已有数百万个卫星物联设备部署在工业物联网领域。美国 Swarm 已在美国和其它几个国家开始运营服务,在母公司 SpaceX 的支持下,Swarm 运营着世界上最小的双向通信卫星。2022 年,巴西批准 Swarm 预计在 2035 年 9 月 7 日前使用无线电频率。澳大利亚的 Myriota 主要是单向追踪业务,利用 Spire 的"卫星即服务"能力合作建设卫星,建设完成后应该提供接近实时的连接服务。

以中国航天科工的"行云工程"和中国航天科技的"鸿雁星座"为代表的低轨卫星物联网星座计划正在稳步推进。2020年5月,中国航天科工集团的卫星物联网计划取得进展,"行云工程"的"行云二号"01星、02星两颗卫星全部发射成功。据悉,"行云工程"计划分三个阶段,由80颗低轨通信卫星组成的卫星物联网星座在建成后,将能够为极地环境监测、地质灾害监测、气象数据预报、海洋环境监测,海上运输通信等多个行业提供应用测试,并为后续卫星物联网的组网奠定基础,以实现真正的全球万物互联。

与卫星互联网相比,卫星物联网不追求传输速率。物联网连接的是人与物、物与物,且主要追求的是"广链接",对速率没有过高要求,因此物联网设备能够做到小体积、低重量、低功耗和低成本优势;但是,要想让物联网设备的极窄带宽来承载传统语音通信却是困难重重。本书即面向物联网业务需求,针对极窄带信道语音通信技术展开了系列研发工作,初步解决了基于中国自主的窄带物联网(包括地面段和卫星段)进行数据和话音同时传输的技术问题。

1.2 卫星短报文物联网

从20世纪90年代开始,窄带通信卫星逐渐发展,至今已趋于成熟,其中铱星星座、海事卫星((Inmarsat))、舒拉亚(Thuraya)、天通一号等,除了具备卫星电话功能以外,都支持一种叫做短报文的通信手段。

短报文类似于日常生活中手机的"发短信",中国北斗导航卫星系统的"独门绝技"就是短报文通信功能,能够支持具有特定功能芯片的手机终端通过北斗卫星转发文字短信。

北斗卫星导航系统(BeiDou Navigation Satellite System,BDS)是我国着眼于国家安全和经济社会发展需要,自主建设运行的全球卫星导航系统,也是继全球定位系统(Global Positing System,GPS)、全球卫星导航系统(Global Nauigation Satellite System,GLONASS)之后的第三个成熟的卫星导航系统。北斗卫星导航系统和美国GPS、俄罗斯GLONASS、欧盟伽利略卫星导航系统(Galileo Satellite Naoigation System,GALILEO),是联合国卫星导航委员会已认定的供应商。

我国在北斗卫星导航系统的建设上形成了"三步走"发展战略。第一步,建设北斗一号系统:1994年,启动北斗一号系统工程建设;2000年,发射2颗地球静止轨道卫星,建成系统并投入使用,采用有源定位体制,为中国用户提供定位、授时、广域差分和短报文通信服务;2003年发射第3颗地球静止轨道卫星,进一步增强系统性能。第二步,建设北斗二号系统:2004年,启动北斗二号系统工程建设;2012年年底,完成14颗卫星(5颗地球静止轨道卫星、5颗倾斜地球同步轨道卫星和4颗中圆地球轨道卫星)发射组网。北斗二号系统在兼容北斗一号系统技术体制基础上,增加无源定位体制,为亚太地区用户提供定位、测速、授时和短报文通信服务。第三步,建设北斗三号系统:2009年,启动北斗三号系统建设;2020年完成30颗卫星发射组网,全面建成北斗三号系统。北斗三号系统继承有源服务和无源服务两种技术体制,为全球用户提供定位导航授时、全球短报文通信和国际搜救服务,同时可为中国及周边地区用户提供星基增强、地基增强、精密单点定位和区域短报文通信等服务。未来,计划2035年,以北斗系统为核心,建设完善更加泛在、更加融合、更加智能的国家综合定位导航授时体系。

2021 年 7 月 31 日习近平主席宣布北斗三号全球卫星导航系统正式建成开通,北斗卫星导航系统能够在全球范围内全天候、全天时为各类用户提供高精度、高可靠定位、导航、授时服务,并且具备短报文通信能力。北斗卫星导航系统创新融合了导航与通信功能,具备定位导航授时、星基增强、地基增强、精密单点定位、短报文通信和国际搜救等多种服务能力,导航与通信为北斗卫星导航系统的两大主要功能。

(1)导航功能。导航能力是卫星导航系统的基本能力,北斗卫星导航系统的最基本功能就是能够实时导航和快速定位。北斗三号全球卫星导航系统开通后,已经可以为全球用户提供定位服务,其空间信号精度将优于 0.5 m;全球定位精度将优于 10 m,测速精度优于 0.2 m/s,授时精度优于 20 ns;亚太地区定位精度将优于 5 m,测速精度优于 0.1 m/s,授时精度优于 10 ns,整体性能大幅提升。

(2)短报文通信功能。北斗卫星导航系统可以提供两种短报文通信服务,包括区域短报文通信服务和全球短报文通信服务。北斗系统的短报文通信是指卫星定位终端、北斗手持定位端和北斗卫星或北斗地面服务站之间能够直接通过卫星信号进行双向的信息传递。目前,在海洋渔业、交通运输、救灾减灾等领域主要是利用短报文进行普通信息、文字等通信信息交流。对于北斗一号系统和北斗二号系统而言,可为用户机与用户机、用户机与地面中心站之间提供两种不同容量的短报文通信服务。对于一般用户,能够单次传输 36 个汉字或者 576 b,对于经过申请核准的特殊用户,能够提供每次最多 120 个汉字或 1 680 b,即 240 B。北斗三号全球卫星导航系统正式开通后,使得北斗系统同时具备了区域短报文通信能力和全球短报文通信能力,在通信能力上也得到了巨大的提升。在区域短报文通信服务上,服务容量提高到上行 1 200 万次/h,下行 600 万次/h,接收机发射功率降低到 1~3 W,单次通信能力为 1 000 汉字(14 000 b);在全球短报文通信服务方面,单次通信能力为 40 汉字(560 b)。

短报文通信功能,作为北斗系统的"独门绝技",与定位功能相似,其短报文通信的传输时延约 0.5 s,通信的最高频度是 1 次/s。因此,利用短报文进行通信就意味着能够获得更高效率的信息传递,例如:地震灾害爆发后,移动通信基站基本处于瘫痪状态,在信号不能覆盖的情况下,就可以通过北斗终端的短报文功能进行紧急通信等。在 2008 年汶川地震中,利用北斗一号短报文及时传递出"震区信息",抓住了黄金 72 h 救援时间,使得北斗短报文通信功能崭露头角,发挥了独特优势。

目前,相关单位也在推动建设北斗三号短报文通信民用应用服务平台,以推进北斗短报文与移动通信融合,实现短报文由面向行业服务向面向大众服务的拓展转型。同时,计划下一步通过北斗卫星导航系统将能提供语音和图像传输服务,并发布支持北斗短报文功能的手机。

综合以上对卫星物联网系统的发展、短报文目前应用现状以及未来希望能够通过短报文不仅传递信息、文字,还能够进行图片、语音传输等需求,就必须开展窄带语音压缩技术的研究,以解决现有高码率语音编码技术难以适配卫星物联网短报文等窄带通信技术完成语音通信的痛点。因此,引出本书的窄带语音压缩技术和卫星物联网短报文数话同传系统设计等主要工作,设计一套基于卫星物联网短报文实现语音通信的团队内部全方位态势感知监控的应急通信系统,为恶劣环境下的防灾减灾、户外作业等领域的团队应急通信提供新的选择方式,对于窄带语音压缩技术和应急通信等领域具有重大的理论研究意义和实践应用价值。

1.3 窄带语音压缩技术研究现状

1.3.1 应急通信产业发展概况

当前,发展应急通信产业已成为世界各国对于国家安全需要的重点支持和战略方向,全球的应急通信行业产业市场规模在逐年攀升。现阶段的全球应急通信技术主要包括无线电台通信、无线集群通信、应急通信车、地面微波通信和卫星通信几类,众多发达国家的应急通信逐渐向卫星通信领域发展。美国构建了国家灾害事件管理系统,通过集群无线网、卫星通信等设施收集信息、提前预防,并通过网间连接设备对各救援部门、救援团队指挥调度,信息共享。日本是一个自然灾害多发的国家,一直以来注重灾害管理研究和应急管理体制的建设,通过使用移动通信技术、无线射频技术和临时无线基站部署防灾救灾应急通信体系。

近年来,一方面,我国不断鼓励应急通信相关产业的发展,在这个发展机遇下,针对性地对现有应急通信方式及产业开展调研,了解目前应急通信市场的需求、存在的不足及技术缺口,对如何研究自己的应急通信系统产品,怎样解决现存的应急通信问题极为必要。很多学者对于应急通信的发展与建设都展开了一定的研究并提出了一些思考,比如:如何构建事件突发时的应急通信保障体系,如何强化事件突发时对应急通信设备进行及时有效的部署和开通,如何加快建设防灾互连通信网,有效解决各种自然灾害发生时的现场通信问题,从而提高自然灾害发生的现场救援能力等。因此在应急通信场合下,如何有效地保证应急通信的畅通,为抢险救援、指挥调度提供有力的通信支撑,是当前必须重视和解决的问题。

另一方面,在我国存在的交通运输、农林渔业、电力调度及探险科考等众多户外工作行业,都存在实时语音、文字沟通和位置信息共享等团队协作诉求,灾后救援、户外作业、探险科考以及军队野外训练等人群急需一款能够及时进行信息共享的应急通信设备。现有的不依赖于4G/5G移动通信技术的应急通信应用范围主要分为远、近距离两方面。团队内部间的近距离通信手段各有优势,比如:模拟对讲机购买便宜、普及率高,但通信距离近、无法定位、不保密、干扰噪声大;数字对讲机依赖专用高架集群基站,一般是集团内部围绕基站使用,使用距离近、无法共享定位信息;短波电台通信距离远,但无法便携、通信效果差、操作培训成本高、价格贵,也难以普及。无线集群通信通主要为一些部门、单位等集团用户提供的专用指挥调度等通信业务,不适合小规模作业团体,普及性差。远距离应急通信主要依赖卫星传输信息,能够实现团队间的无限距离通信以及后台服务端的态势监控。现有的卫星电话资费昂贵、普及率低,且无法定位。我国的北斗三号导航系统能够提供定位,独有的短报文双向通信功能目前主要应用于文字通信传输,极大地限制了用户群体。

同时,我国幅员辽阔,洪涝、地质灾害、地震、台风、雪灾和森林草原火灾等自然灾害时有发生,自2017年以来,我国年均约1.38亿人次受灾,589.1万人次紧急转移安置,直接经济损失3 000亿元左右,造成了巨大的经济损失和人员伤亡。同时,我国存在着交通运输、农林渔业、电力调度、探险科考等众多户外工作行业,这些行业大多处在野外无基站信号等恶劣环境下,团队成员间的通信需求难以得到很好的满足,这就迫切需要驱动我国应急通信产业的发展,扩大了对应急通信产品的需求。

我国的应急通信行业起步较晚，在 2001 年以后才开始逐渐在各级政府机关和公安消防、交通建设、防灾减灾等相关应急部门建设指挥调度，目标客户相对集中。2003 年非典疫情爆发后，国家对于突发的事件开始逐步重视，通过各行业、各部门应急通信预案的制定，开始了应急通信体系的建设。2008 年冰冻灾害、汶川地震后，我国的应急通信产业得到了极大的发展。在汶川地震中，通信、电力、交通全部都被破坏殆尽，武警部队通过北斗一号短报文及时将震区信息发送到了抗震救灾指挥部，并临时组建北斗导航分队携带上千部北斗一号终端机进入灾区，实现了震中各点位与指挥部的直线联系，卫星通信开始进入人们的视野。近年来，我国的北斗导航系统的建设和服务能力得到了迅速的发展。目前，北斗三号卫星导航系统星座部署全面完成，具备定位导航授时、星基增强、精密单点定位、短报文通信和国际搜救等多种服务能力，为户外应急通信提供了新的选择。随着我国卫星互联网、专网通信等产业发展逐渐成熟，我国应急通信的通信方式逐渐走向卫星化、专网宽带化，从而带来卫星终端、专网通信终端及相关系统的需求大增。

国家突发事件应急体系建设"十三五"规划指出，要把维护公共安全摆在更加突出的位置，保障人民的生命财产安全，我国突发事件应急体系建设面临新的发展机遇，同时在大数据、云计算、人工智能等技术的不断成熟下，我国的国家应急平台建设、卫星应急系统开发等新的市场需求将不断被激发，为我国应急通信企业带来新的市场机遇和发展活力。

1.3.2 语音编码技术的发展

语音编码是数字语音通信中的一项关键技术。为了压缩数字语音信号的传输码率，以使同样的信道带宽能传输多路的语音，节省存储空间，语音压缩编码理论与技术在语音信号处理领域得到极大的发展。

语音编码技术诞生于 1939 年 Dudley 发明的声码器，之后，直到 20 世纪 70 年代中期，脉冲编码调制（Pulse Code Modulation，PCM）技术和自适应差分脉冲编码调制（Adaptive Differential Pulse Code Modulation，ADPCM）技术取得较大进展，才使得码率为 64 kb/s 和 32 kb/s 的语音编码技术横空出世，称为 G.711 编码标准和 G.721 编码标准。基于 ADPCM 编码技术，国际电信联盟又公布了 G.726 编码标准，该编码标准支持 40 kb/s，32 kb/s，24 kb/s，16 kb/s 的 ADPCM 信号，得到了广泛的运用。1967 年，线性预测编码（Linear Prediction Coding，LPC）由 Weiner 提出。此后，在 1974 年 12 月 LPC 声码器首次用于分组语音通信实验，数码率为 3.5 kb/s，一年后又被用于分组电话会议。到 1980 年，美国又公布了编码码率为 2.4 kb/s 的线性预测编码标准算法 LPC-10。随后，在 1988 年，美国公布了一种数码率为 4.8 kb/s 的码激励线性预测编码（Code Excited Linear Predictive Coding，CELP）标准算法。同时，多带激励（Multi-Band Excited，MBE）声码器编码方法也诞生于麻省理工学院的林肯实验室，其原理是将语音谱按照各基音谐波频率划分成若干个不同的频带，然后分别对每一个频带进行清浊音（Unvoiced/Voiced，U/V）的判断，对于浊音，利用周期脉冲序列获得激励信号，对于清音，通过随机噪声发生器产生激励信号。最后，将各频带的信号叠加得到合成语音。该方法提高了语音参数提取的准度，使得在 2.4～4.8 kb/s 编码速率上可得到较好的语音。可以看出,像 LPC 声码器和 MBE 编码器等一些语音编码算法技术能够获得较高的语音质量,这些语音编码方案的出现,使得数码率逐渐在向中低速率发展,低速率语音编码技术开始得到广泛的研究。

1997 年,美国联邦颁布 2.4 kb/s 码率的混合激励线性预测(Mixed Excitation Linear Prediction,MELP)编码标准,其是在线性预测编码标准的基础上进行改进,利用混合激励信号来代替随机噪声和周期脉冲激励信号,在低于 2.4 kb/s 的码率时,仍然能够重新构建出质量较高的合成语音,因此目前仍是语音编码领域的主流编码方式。在此基础上,诞生了基于 MELP 编码标准的增强型双速率混合激励线性预测(enhanced Mixed-Excitation Linear Prediction,MELPe)编码算法标准,该标准允许 1.2 kb/s 和 2.4 kb/s 两种码率的语音相互转码,语音的处理及码率的选择变得更加灵活。之后,在 1997 年诞生的基于波形编码和参数编码的正弦激励线性预测(Sin-Excited Linear Prediction,SELP)算法模型进一步促进了语音压缩技术领域的发展,SELP 算法以正弦激励模型作为浊音激励源。本书将研究的语音信号表示为正弦波簇的总和,根据其谐波性,把整个过程的每一个信号的分量频率看作某个基频的整数倍,并根据基音频率对幅值和相位等参数进行建模,极大地减少了需要量化的语音参数数据量,从而能够大幅度降低编码速率。目前 SELP 编码技术能够在 1.2~2.4 kb/s 的码率上获得较高质量的合成语音信号。

近年来,低速率语音编码技术一直是一个热门的研究课题,许多研究者开展了不同的研究。基于混合编码的 CELP 标准算法能够以 4~8 kb/s 的码率编码通信质量的语音,使用语音合成过程分析来寻找最佳矢量量化器或者码本。然而,在 1.2 kb/s 及更低的语音编码速率下,合成语音质量不高,编码质量低。基于 MELP 编码标准的增强型双速率混合激励线性预测编码算法能够允许 1.2 kb/s 和 2.4 kb/s 两种码率的语音相互转码,但在混合激励源中采用单脉冲作为浊音激励源,使得语音单调,自然度不足。随后,其他研究者提出的混合 MELP/CELP 语音编码模型,在编码端利用 MELP 和 CELP 分别对强弱清浊音进行处理,解决了相位不同步问题,但是编码速率太高。为了适应复杂的低速率语音通信场合,一种基于 TMS320F28335 DSP 的多速率声码器被设计,然而在几种速率之间的转换调用算法频繁,导致语音编解码实时性不高。但是总体上来说,语音的编码速率在不断地降低,同时还保证了较高的语音质量。

从现有的 MELP 编码标准到基于谐波正弦思想的 SELP 算法模型,都进一步促进了语音压缩技术向极低码率领域的发展。目前,SELP 算法模型在极低码率语音编码方面不断趋于成熟,研究者不断聚焦于提取语音特征中的关键参数和减少参数量化比特数,已将语音码率压缩低至 150 b/s,同时在 DSP 硬件芯片上实现。文献[54]和文献[55]中均采用子带清浊音(Band Pass Voicing,BPVC)解码端恢复算法,在参数量化上由传统的直接联合矢量量化转变到重要帧抽取量化的编码方式,在 150 b/s 码率获得了较高的语音质量。考虑到量化精度不足的问题,上述算法在重要参数上提高了量化精度,进一步提升了合成语音质量和语音可懂度。这些研究进展为本书窄带通信技术下的超低码率语音压缩算法研究在码率选择上提供了理论参考,为实现基于 LoRa、天通卫星物联网、北斗短报文等窄带通信技术下的正常语音通信提供了技术支撑和新的选择。

1.4 本书主要研究内容

本书研究内容来源于行业用户的工程需求,该需求指定在团队协作和指挥控制安卓 APP 软件中实现基于卫星物联网短报文的语音聊天功能,保证语音质量可懂、完成正常的语音通信。用户需求如下:①单次北斗三代短报文通信语音长度不低于 20 s,语音质量可懂;②基于安卓终端平台上纯软件实现,不能外接其它语音编解码硬件,能够实时编解码;③在北斗三号短报文、天通卫星物联网这两种窄带卫星通信系统上实现正常的语音聊天功能。基于此需求,一方面,本书以窄带语音压缩技术为研究基础,通过 600 b/s 超低码率语音压缩算法的实现解决了现存高码率语音编码技术难以适配极窄带通信技术的问题,且码率满足了用户的工程需求指标,使得利用卫星物联网短报文等窄带通信技术实现语音通信成为可能。另一方面,Android 平台上 600 b/s 超低码率语音压缩算法的成功移植,使用户在安卓平台上能够直接利用基于 LoRa、天通卫星物联网、北斗短报文等窄带传输信道搭建语音通信系统,完成语音聊天功能,进行丰富的态势感知信息分享。安卓平台上语音聊天功能的实现不需要额外专门芯片的硬件开发和生产成本,满足了用户的便携式与实时性需求,发挥了北斗短报文功能的应用优势,使得北斗导航系统能够服务于民,让防灾减灾、交通运输、海洋渔业、电力调度、探险科考等各行业人群共享北斗系统建设发展成果。本书的主要研究内容包括超低码率语音压缩算法的设计与实现、北斗短报文数话同传系统的设计与实现、窄带语音压缩技术的安卓移植等。

(1)超低码率语音压缩算法的设计与实现。在传统的应急通信手段中,存在着通信距离受到限制,团队沟通难以同时进行位置信息共享和语音通信等问题,北斗卫星短报文通信崭露头角后仍然只能传输文字,难以在现有高码率编码方式下完成正常的语音通信过程。为了解决这一问题,本书开展了超低码率语音压缩算法的研究。

一方面,根据窄带语音压缩技术基础和超低码率语音压缩算法原理及其对语音参数提取和量化过程,对语音信号处理过程的方法进行改进。根据语音信号的短时平稳性,采用超帧设计思想,构建一个 40 ms 的超帧结构,并在超帧内实现参数共享,只用 24 个 b 去量化编码某一个 10 ms 子帧,大幅度降低了语音帧内一些变化率不高的参数的占比,既保证了提取到语音信号的主要特征参数,又大幅度压缩了语音信号的冗余,从而降低了语音码率。另一方面,根据谐波正弦模型思想,提取语音特征参数,并降低提取语音信号的基音频率、谐波幅值、能量等语音参数过程中语音的冗余信息,寻找最佳的基音频率以及获取最接近原始语音信号幅值的最佳重构语音矢量。采用 NLP 算法确定基音频率,并通过 MBE 后处理寻找最佳的基音频率,根据基音频率对获取的幅值参数进行两级矢量量化,考虑每一级矢量量化的比特分配以及码本选择,通过更深层次地捕捉到幅度信息,保证了对语音幅度信息尽可能地还原和重建,实现在压缩数据的基础上更好地获取原始语音信息。

最后在 PC 端通过与现有主流的 MELPe 语音编码方式的对比,来评估超低码率语音压缩算法的性能。对语音质量的评价从两方面展开,主观评价方法选择主观 MOS 得分进行评估,客观评价方法包括时域 SNR 测度、频域失真测度 $FwSNR_{seg}$ 以及 LLR 值计算等。

（2）卫星物联网短报文数话同传系统的设计与实现。通过超低码率语音压缩算法的实现使得基于卫星物联网短报文等极窄带通信技术能够实现语音通信过程，为了进一步提高超低码率语音压缩算法的工程应用价值，以及发挥北斗短报文通信服务功能的应用优势，本书接下来开展了卫星物联网短报文数话同传系统的设计与实现工作，主要包括超低码率声码器的嵌入式设计和窄带语音压缩技术的安卓移植两部分内容。

本书首先通过 IAR 嵌入式工作平台在 STM32F405 单片机硬件上对超低码率语音压缩算法进行了嵌入式实现，设计了一款超低码率声码器。整个嵌入式实现过程包括硬件设计、软件设计和下载验证三部分。目前，在声码器结构中通过 LoRa 无线电实现语音数据的收发。声码器的通信过程为，首先是利用麦克风进行录音，然后通过音频编解码芯片 WM8974 对语音信号做一个预处理，并使能 DMA 发送将语音数据送到缓冲区后调用本书所实现的超低码率语音压缩算法进行压缩编解码，最后发送经过压缩后的语音数据，接收过程与之相反。完成超低码率声码器的设计后，对其进行了语音质量的评价，主要是通过主观的 MOS 评分准则分别对男性和女性测试人员利用声码器进行语音通信过程的语音效果评价。

然后，为了实现用户指定的要求——不外接其他硬件芯片、在现有的安卓平台上实现语音聊天功能，进而实现在团队协作 APP 内部集成语音编解码功能，本书研发并成功移植到安卓平台上的 600 b/s 超低码率语音压缩算法，使用户在安卓平台上能够直接利用基于 LoRa、天通卫星物联网、北斗短报文等窄带传输信道搭建语音通信系统，完成语音聊天功能，进行丰富的态势感知信息分享。在团队协作 APP 的语音聊天功能设计上，首先通过对团队协作 APP 已具有的功能进行介绍，并分析 APP 的整体框架，说明能够进行语音聊天模块扩展的可能。然后进行超低码率语音压缩算法的安卓移植。算法的移植在 Android Studio 上完成，首先设计语音聊天模块的代码框架，在代码实现过程中，利用 JNI 实现 Java 和底层低码率语音压缩算法 C 代码的交互，从而调用超低码率语音压缩算法对 Android 系统上采集的音频数据进行压缩，完成语音聊天功能的设计。最后，将语音聊天模块扩展到团队协作 APP 中，为团队协作 APP 增加了语音聊天功能。利用团队协作 APP 进行的文字、定位信息和语音数据等的通信实验结果良好，说明了本部分研究内容能够有效提高团队协作能力。

综上，通过超低码率语音压缩算法的实现，完成了超低码率声码器的设计和 Android 操作系统上团队协作 APP 的语音聊天开发，使语音通信功能在卫星物联网短报文极窄带通信技术下得以实现。利用窄带语音压缩技术能够在卫星物联网短报文单次通信能力 14 000 b 下通信 20 s 左右的语音，保证了卫星物联网短报文数话同传系统不仅能够进行文字聊天、定位信息的传输，还能够完成满足正常应急语音通信需求的语音通信功能，能够广泛地应用于防灾减灾、交通运输、海洋渔业、电力调度、探险科考等应急通信以及户外作业领域。

随着国家对应急通信行业的重视以及北斗系统应用及产业化的快速发展，本书的工作不仅能够引领从事语音信号处理技术、窄带通信技术等理论研究人员对卫星通信技术应用的研究，也能引起人们对应急救援和户外作业等领域的卫星产业市场的关注，带动卫星物联网产业链及应急通信市场的发展，同时也促进本书所研究实现的卫星物联网数话系统产品走向应急管理、军警行动、边境巡查、防灾减灾、探险科考、海洋作业、边防海防、跟踪搜救等各行各业，产生巨大的经济效益。

1.5 本书章节安排

根据本书的主要研究内容,全书共 6 章,每章的具体内容安排如下:

第 1 章为绪论。本章介绍了卫星物联网的历史背景、建设历程、功能特色、发展需求,应急通信产业的发展概况,以及语音编码技术的发展等,并总结了本书的主要研究工作。

第 2 章为窄带语音压缩编码技术基础。本章主要介绍窄带语音压缩编码技术涉及的一些基础内容,包括语音信号的组成,语音信号的分析方法,语音压缩编码方式,矢量量化技术原理与码书设计,以及现有的一些评估语音质量好坏的主客观评价方法等,为下一章超低码率语音压缩算法的分析与实现提供了理论基础。

第 3 章为超低码率语音压缩算法原理与实现。正弦激励线性预测算法模型是窄带语音压缩编码技术的一个重要方法,利用其谐波正弦语音模型分析思想,本章首先介绍了超低码率语音压缩算法对语音参数的提取流程,然后根据语音信号分析方法分别对语音信号主要特征参数的提取和量化方法进行介绍。

第 4 章为卫星物联网数话同传系统的设计与实现。该系统的核心包括超低码率声码器和安卓移动智能终端两个部分,本章介绍系统中实现语音通信最重要的声码器的嵌入式设计过程。首先,根据系统的需求,介绍了卫星物联网数话同传系统的总体结构。其次,在完成超低码率语音压缩算法的设计后,基于 IAR 嵌入式平台开展声码器嵌入式硬件设计与实现工作。最后,分别对声码器的语音通信质量和 PC 上超低码率语音压缩算法的合成质量进行主客观评价。

第 5 章为窄带语音压缩技术的安卓移植及其试验。本章的目的是将超低码率语音压缩算法由声码器硬件移植到安卓操作系统,以利用常用的安卓移动智能终端完成基于卫星物联网的数话同传过程。首先介绍了作者团队前期开发的团队协作 APP 已具有的功能,分析进行模块扩展的可能性。然后进行超低码率语音压缩的移植,即语音聊天模块的设计。最后,基于卫星物联网短报文窄带传输信道完成了数话同传通信实验。

第 6 章为卫星物联网数话同传系统的行业应用。本章主要对卫星物联网数话同传系统在应急救援和户外作业等领域的行业应用进行介绍,分析卫星物联网——数话同传系统的应用价值与现实意义。

第2章　窄带语音压缩编码技术基础

2.1　引　　言

语音压缩编码的目的是在保持语音音质和可懂度的前提下,实现利用尽可能少的比特数来表示语音信号。为了对语音信号进行合理有效的分析和评价,保证原始语音能够最大程度保持不失真,必须了解语音信号的产生过程、如何建立一个描述语音信号特征参数的模型、如何有效分析语音信号、如何衡量合成语音质量的好坏等内容。

本章将系统介绍语音信号的产生机理和产生过程,构建一个可以描述语音信号的数字模型,并从时域和频域两方面对语音信号的特征进行初步分析。同时,量化作为语音压缩中的关键过程,决定着码率压缩与语音质量的平衡,本章也将介绍矢量量化这一广泛应用于语音压缩编码中的信号压缩方法,最后介绍语音质量的一些评价方法,为后面超低码率语音压缩算法的设计和评价提供理论基础。

2.2　语音信号组成

人类发声是发音器官在大脑控制下的生理运动产生的。由肺部、气管、喉、鼻腔和口腔等一系列发音器官协同形成连续的发音管道,其中喉部以上称为声道,随着发出声音的不同,其形状是变化的,喉的部分称为声门。人类发声时,通过控制胸壁及肺收缩使肺内的空气排出形成气流,气流沿着气管到达喉腔即声门处,冲击两侧的声带产生振动,然后通过声道响应产生声音。在这个过程中,喉部的声带为语音的主要激励源,声带的开闭使得气流形成一系列脉冲,每开启一次和闭合一次的时间间隔为振动周期,记为 T,T 称为基音周期,其倒数为基音频率,简称基频。基频的范围一般为 $80\sim500$ Hz,随着发音人的性别、年龄和其他一些情况确定,通常男性偏低,小孩和女性偏高。

从语音产生的过程中可知,发出不同性质的音时,激励源不同。根据激励源不同,可以分为浊音和清音两种。

(1)浊音。激励源为声带,由气管的气流引起声带振动产生,具有准周期性,在频谱的基音点和基音谐波点上会出现小峰点,称为共振峰频率,主要集中在 4 kHz 以下范围。

(2)清音。此时声带不振动,是一种由肺部产生的准平稳气流,通过发音器官某部分引起湍流,从而产生的一种小幅度声波。清音信号的波形类似于随机噪声信号的波形,不具有准周期性。

根据对以上发音过程以及语音信号组成的分析,可以将语音信号的产生建立为一个数字模型,如图 2-1 所示。

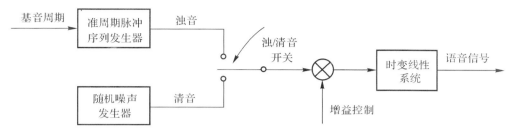

图 2-1　语音信号数字模型

图 2-1 中,准周期脉冲序列发生器表示浊音激励源,需要输入一个"基音周期"参数,产生浊音;随机噪声发生器表示清音激励源,"浊/清音开关"用来选择语音产生类别,以形成所需要的语音。增益参数控制语音的强度,时变线性系统代表着具有声音物理特性的声道。

在上述的语音信号数字模型中,将语音的激励与线性系统分离,分别描述了不同激励源产生的语音信号和时变的线性系统,并不只是关注语音信号的波形,极大地促进了语音技术的发展。

2.3　语音信号分析方法

2.3.1　数字化和预处理

语音信号的分析是对语音信号进行编码、合成以及语音识别等的前提,只有将语音信号分析表示为具有其特性的语音参数,才能够利用这些特征参数对语音进行高效的编码与通信。

首先,是对语音信号数字化,通过对模拟语音信号进行高效率的数字表示,以供计算机处理。为了将原始的模拟语音信号转变为数字信号,必须对语音信号进行采样和量化两个步骤,以得到在时间和幅度上均离散的信号。采样和量化过程如图 2-2 所示。

图 2-2　模拟信号数字化过程

图 2-2 中,$f(t)$ 为输入的连续变化模拟信号,经过时间间隔 T 采样后变成了离散信号 $f(nT)$,记 $k=nT$,T 为采样周期,其倒数 F_s 称为采样频率,然后有 $f(k)=f(nT)$,经过量化后的信号为 $f_q(k)$,$f_q(k)$ 的变换为

$$f_q(k) = f(k) + e_q(k) \tag{2-1}$$

式中:$f(k)$ 为量化前的采样信号;$e_q(k)$ 为量化噪声;$f_q(k)$ 为量化后的信号。

在语音信号分析和处理的过程中,除了对语音进行数字化外,还必须在信号分析和处理之前开展一些预处理工作。由前面对语音信号组成的分析可知,浊音的频谱范围基本在 4 kHz

以下,高于这个值就开始迅速地下降,而清音的频谱在 4 kHz 频段之上呈上升趋势,因此在处理的过程中必须考虑 4 kHz 以上的频率成分,同时,由于环境噪声的干扰,信号中也可能存在 4 kHz 以上的干扰频率成分。因此,在对语音信号采样前,需要利用一个具有良好截止特性的低通滤波器对输入原始语音信号进行滤波,即设计一个抗混叠滤波器来防止混叠失真和噪声的干扰。

2.3.2 语音信号的时域及频域分析

(1)短时能量分析。根据人类发声的特点,可知发声时声道一直处于变化状态,使得数字化后的语音信号是一个时变信号,处理起来十分困难。实际上,从语音产生的物理机制和语音结构性质可知,语音信号中具有较大的冗余度,而语音压缩编码的本质就是尽可能地降低语音中的冗余度,对语音进行压缩。因此,从语音冗余度的角度考虑到发声时声道形状及变化的缓慢性可以对语音信号进行分帧处理,一般取 10~50 ms 为一帧,在这个较短的时间帧内语音信号的特征基本保持不变,具有准平稳性,即短时平稳性。但是也常有例外,如图 2-3 所示,大约在 20 ms(8 kHz)后语音特性发生了迅速的变化,这也是造成提取准确的基音频率十分困难的一个重要原因。

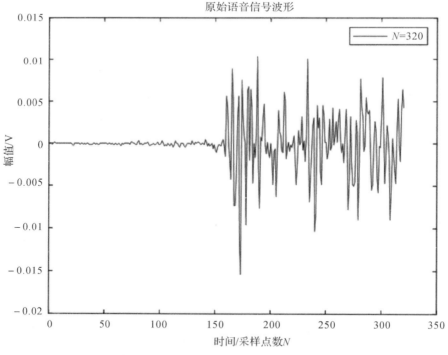

图 2-3 短时平稳性假设存在问题分析图

利用语音信号的短时平稳性可以对语音进行短时分析。为了对语音进行短时分析,需要对语音信号进行加窗操作,通过窗口的平滑移动来获得连续分帧或者重叠帧。典型的窗函数有矩形窗、三角形窗、Hanning 窗、Hamming 窗和 Blackman 窗等。以矩形窗为例,其窗函数

的时域表达式分别为

$$w(n) = \begin{cases} 1, & 0 \leqslant n \leqslant N-1 \\ 0, & \text{其他} \end{cases} \qquad (2-2)$$

$$w(n) = 0.54 - 0.46\cos\left(\frac{2\pi n}{N-1}\right), \quad n = 0,1,\cdots,N-1 \qquad (2-3)$$

在时域上，语音信号加窗后的短时能量定义为

$$E_n = \sum_{m=-\infty}^{\infty} [x(m)w(n-m)]^2 = \sum_{m=n-N+1}^{\infty} [x(m)w(n-m)]^2 \qquad (2-4)$$

$$E_n = \sum_{m=-\infty}^{\infty} x^2(m)w^2(n-m) = \sum_{m=-\infty}^{\infty} x^2(m)h(n-m) = x(n)h(n) \qquad (2-5)$$

从式(2-5)中可以看出，短时能量可以看作将原始语音信号二次方后经过一个线性滤波器的输出。其中，E_n 表示在信号的第 n 个点开始加窗函数时的短时能量，$h(n) = w^2(n)$ 为线性滤波器的脉冲函数响应。

根据式(2-4)可以计算出短时能量，图 2-4 所示为选择窗口大小为 N 的矩形窗的短时能量计算示意图。

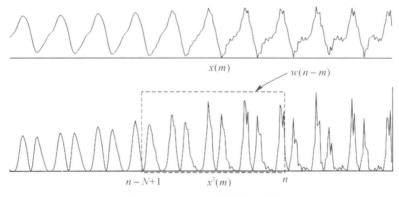

图 2-4　短时能量计算示意图

从图 2-4 可以看出，不同类型的窗函数选择会影响短时能量的特性，选择合适的窗口能够更好地反映语音幅度的变化特性。另外，短时能量也反映了语音帧的能量随时间变化的特性，主要应用在语音信号组成分析和语音识别等方面。根据清音与浊音部分的能量差异，本书主要利用短时能量来进行清、浊音的区分。

（2）短时自相关函数。在信号分析中，相关函数通常是用来度量两个信号在时域内的相似性，分为自相关函数和互相关函数。自相关函数主要是用来研究信号本身，如信号波形的同步性和周期性等。

对于一个确定性信号序列 $x(n)$ 以及一个随机性或者周期性信号序列，它们都表示了一个信号和其延迟 k 点后与该信号本身的相似程度。其自相关函数定义为

$$R(k) = \sum_{m=-\infty}^{\infty} x(m)x(m+k) \qquad (2-6)$$

$$R(k) = \lim_{N \to \infty} \frac{1}{2N+1} \sum_{m=-N}^{N} x(m)x(m+k) \qquad (2-7)$$

自相关函数具有以下性质。

1) 如果信号 $x(n)$ 具有周期性,那么它的自相关函数也具有周期性,设周期为 T_p,即满足 $R(k) = R(k+T_p)$。

2) 自相关函数为偶函数,即满足 $R(k) = R(-k)$。

3) 当 $k=0$ 时,自相关函数有极大值,即 $R(0) \geqslant |R(k)|$。

上面介绍的自相关函数性质都可以用在语音信号的时域分析中,根据性质 1) 可用自相关函数的第一个最大值的位置来估计其周期,如对于语音信号中的浊音部分,用自相关函数可求解出语音信号的基音周期。此外,自相关函数还可应用于语音信号的 LPC 组求解,将在 2.3.3 小节中详细介绍。

(3) 短时频域分析。语音信号分析处理过程中,傅里叶表示一直发挥着主要作用。一方面,由于稳态语音的产生模型由线性系统组成,系统的激励源随时间做周期变化或随机变化,因而系统输出的频谱反映了激励谱与声带频率的特性。另一方面,语音信号的频谱有非常明显的语言声学意义,能够获得共振峰频率和带宽等某些重要的语音特征参数,同时,语音感知过程与人类听觉系统有频谱分析功能密切相关,人的听觉对语音频谱特性更为敏感。因此,频域分析是认识和处理语音信号的重要方法。

由上述内容可知,尽管语音信号的产生是一个非平稳随机过程,但是在较短时间内保持变化的平稳性,故可将短时分析应用于傅里叶分析,在有限的时间段内进行傅里叶变换,即短时傅里叶变换,相应的频谱为短时谱。

基于语音信号的短时平稳性,对某一帧语音 $x(n)$ 进行傅里叶变换,得到短时傅里叶变换,定义为

$$X_n(\mathrm{e}^{\mathrm{j}\omega}) = \sum_{m=-\infty}^{\infty} x(m)w(n-m)\mathrm{e}^{-\mathrm{j}\omega m} \qquad (2-8)$$

由式(2-8)可知,短时傅里叶变换既是关于时间 n 的离散函数,又是关于角频率 ω 的连续函数,令 $\omega = 2\pi k/N$,可得到离散的短时傅里叶变换为

$$X_n(\mathrm{e}^{\mathrm{j}\frac{2\pi k}{N}}) = X_n(k) = \sum_{m=-\infty}^{\infty} x(m)w(n-m)\mathrm{e}^{-\mathrm{j}\frac{2\pi km}{N}} \qquad (2-9)$$

其为 $X_n(\mathrm{e}^{\mathrm{j}\omega})$ 在频域上的采样。

总的来说,对于一个准平稳信号,时域分析和频域分析都是十分有效的方法,而在频域上能够更好地捕捉语音的频谱信息以及能量分析,可应用在基音频率的提取以及共振峰估计等方面。

2.3.3　线性预测分析

LPC 分析的基本原理是将被分析的信号用一个模型表示,即将信号看作一个模型或者系统的输出,这样可用模型参数描述信号。将输出的语音信号 $s(n)$ 看作由一个输入语音序列 $x(n)$ 通过系统函数为 $H(z)$ 的模型而产生的输出,如图 2-5 所示。

通常模型中只包含有限个极点而没有零点,这种模型称为全极点模型或自回归(Auto-

Regressive，AR）模型。此时的系统函数可表示为

$$H(z) = \frac{G}{1 - \sum_{i=1}^{p} a_i z^{-i}} \tag{2-10}$$

式中：G 为增益常数；a_i 为实数；p 为阶数。各系数 a_i 和增益 G 统称为模型参数，a_i 称为 LPC 系数。从而，一个语音信号可以用有限数量参数构成的信号模型来表示。LPC 分析就是从语音信号 $s(n)$ 来估计参数 G 和参数 $\{a_i\}$。

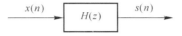

图 2-5　语音信号的模型化

LPC 技术是现代语音信号处理的核心技术，广泛应用于各种语音编码算法中。它的思想是借助线性预测误差滤波器，利用语音信号的相关性，将当前的语音信号用若干个信号的线性组合来表示或逼近，通过使当前真实的语音信号与预测值之间的误差在某种准则下达到最小值来唯一确定一组预测系数，而这组系数正是语音产生模型中声道模型的系数。为了求解这组线性系数，首先定义一个 p 阶的线性预测器为

$$F(z) = \sum_{i=1}^{p} a_i s(n-i) \tag{2-11}$$

根据式（2-11），可得一个线性预测器的工作流程，如图 2-6 所示。

图 2-6　线性预测器的工作流程

图 2-6 中，$\hat{s}(n)$ 为 $s(n)$ 的预测值，用信号 $s(n)$ 的前 p 个样本的线性组合来预测当前时刻的样本值，则 $\hat{s}(n)$ 可表示为

$$\hat{s}(n) = \sum_{i=1}^{p} a_i s(n-i) \tag{2-12}$$

这样，就可以建立一个语音信号的线性预测模型，即一个预测误差滤波器，如图 2-7 所示。

图 2-7　语音信号线性预测模型

图 2-7 中，$e(n)$ 为信号 $s(n)$ 与预测值 $\hat{s}(n)$ 的线性预测误差，结合式（2-12），则 $e(n)$ 的计算为

$$e(n) = s(n) - \hat{s}(n) = s(n) - \sum_{i=1}^{p} a_i s(n-i) \tag{2-13}$$

此时，可得传递函数 $A(z)$ 为

$$A(z)=1-F(z)=1-\sum_{i=1}^{p}a_i s(n-i) \tag{2-14}$$

可知，$A(z)=1/H(z)$，即 $A(z)$ 和 $H(z)$ 互逆，因此图 2-7 的预测误差滤波器也可称为逆滤波器。通常，LPC 分析就是借助预测误差滤波器来求解预测系数。

线性预测的基本问题就是由语音信号来估计 $\{a_i\}$。在实际操作中，依照语音信号的实际采样样本值和线性组合的拟合值之间的均方误差最小原则，可以唯一确定一组线性预测系数。在某种准则下由已知的 $s(n)$ 求出 $\{a_i\}$，理论上本书选择均方误差 $E[e^2(n)]$ 最小准则描述预测精度，其中 E 为数学期望。利用 $E[e^2(n)]$ 对 a_i 求偏导，令其等于 0，可求得最小值：

$$\frac{\partial(E[e^2(n)])}{\partial(a_k)}=0, \quad k=1,2,\cdots,p \tag{2-15}$$

将式（2-13）代入式（2-15），可得

$$E\left\{\left[s(n)-\sum_{i=1}^{p}a_i s(n-i)\right]\times s(n-k)\right\}=0, \quad k=1,2,\cdots,p \tag{2-16}$$

则有

$$E[e(n)\times s(n-k)]=0 \tag{2-17}$$

故 $e(n)$ 与 $s(n-k)$ 相互正交。

若令 $s(n)$ 的自相关序列为 $r(k,i)=E[s(n-k)\times s(n-i)]$，则可得

$$\sum_{i=1}^{p}a_i r(k-i)=r(k), \quad k=1,2,\cdots,p \tag{2-18}$$

其矩阵计算表达式为

$$\begin{bmatrix} r(0) & r(1) & \cdots & r(p-1) \\ r(1) & r(2) & \cdots & r(p-2) \\ \vdots & \vdots & & \vdots \\ r(p-1) & r(p-2) & \cdots & r(0) \end{bmatrix} \begin{bmatrix} a_1 \\ a_2 \\ \vdots \\ a_p \end{bmatrix} = \begin{bmatrix} r(1) \\ r(2) \\ \vdots \\ r(p) \end{bmatrix} \tag{2-19}$$

由式（2-19）可知，只需求出 $r(k)$ 就可以求得系统的线性预测系数，其中 Levinson-Durbin 算法是最为常用的，也是最佳的一种递推求解算法。

2.4 语音编码方式

语音信号处理是用数字信号处理技术对语音信号处理的一门学科，数字语音信号处理作为语音信号处理的主要方式，对语音信号进行数字化，即进行语音压缩编码。语音压缩编码的方式主要有波形编码、参数编码和混合编码三种。

波形编码是将时间域的或其他变换域信号直接变换为数字信号，力求重建语音波形以保持原始语音信号波形。波形编码最简单的方式为 PCM，主要是对模拟信号进行采样、量化和编码，它的编码过程如图 2-8 所示。

在图 2-8 中，先利用反混叠滤波器将模拟语音频谱限制在一定的范围，然后通过奈奎斯特采样频率对语音信号进行采样，并对采样值进行量化，通常采样和量化过程在 A/D 变换器中完成，最后利用二进制码脉冲序列完成编码，从而实现用数字编码的脉冲序列来表示语音信

号波形。PCM 的量化分为均匀量化和非均匀量化,非均匀量化解决了均匀量化器编码速率太高的问题,广泛运用在数字电话网中。为了提高信噪比进一步降低编码速率,也衍生出了自适应增量调制和自适应差分脉冲编码调制等编码方法。

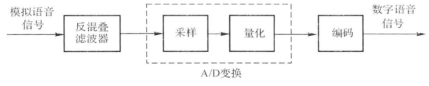

图 2 - 8 PCM 编码原理图

参数编码又称为声码器编码,是将信源信号在频域和其他变换域对语音信号进行分析,提取语音特征参数,并对这些参数进行编码合成,重建语音信号。由于编码器发送的主要信息为语音信号的主要特征,所以可以实现很低的编码速率(达到 2.4 kb/s 甚至更低)。典型的参数编码器有通道声码器、共振峰声码器和线性预测声码器等。

混合编码克服了参数编码激励形式过于简单的缺点,成功将波形编码和参数编码的优点相结合,不仅利用语音产生模型,对语音模型参数进行编码,又能够使编码过程产生接近原始语音波形的合成语音,提高了语音质量。混合编码方式的出现,使得语音编码技术有了突破性的进展,语音编码速率也在不断地降低,在 4～16 kb/s 的数码率上能够得到高质量的语音。常见的混合编码器主要有多带激励编码器和码激励线性预测编码器等。

2.5 矢量量化技术

量化是十分重要的信号压缩方法,主要应用于在将信号的取值由连续转化为离散的过程中。输入时间连续的原始语音信号经过采样成为时间离散信号,然后离散信号经过量化即成为数字信号。量化方式可分标量量化和矢量量化两种。矢量量化是将若干个取样数据分组构建一个矢量,然后对矢量进行量化。矢量量化广泛运用在语音编码、语音合成等领域,在低码率语音编码中具有非常重要的作用。

2.5.1 矢量量化基本原理

(1) 矢量量化的定义。矢量量化的原理是将 $K(K \geqslant 2)$ 个采样值构建为一个 K 维空间 $\mathbf{R}^K$ 中的矢量,然后将这个矢量进行一次量化。矢量量化编码技术能够在大幅度压缩数据的基础上实现更低的量化失真。因此,矢量量化技术能够很好地应用于本书的超低码率声码器设计工作中,保证获得超低码率高可懂度的合成语音。

设 $\mathbf{X}_i$ 是某一个 K 维度的待量化矢量,$\mathbf{Y}$ 是一个包含 N 个 K 维度矢量的集合,$\mathbf{Y}_i$ 是 $\mathbf{Y}$ 中的一个矢量,矢量量化的过程就是将 $\mathbf{X}_i$ 映射至 $\mathbf{Y}_i$ 中。量化定理为

$$\mathbf{Y}_i = \mathbf{Q}(\mathbf{X}_i), \quad \mathbf{Y}_i \in \mathbf{Y} \tag{2-20}$$

其中:$\mathbf{X}_i$ 为输入矢量;$\mathbf{Y}$ 称为码本;$\mathbf{Y}_i$ 为码本中的矢量。

为了展现矢量量化的过程,以 $K=2$ 为例得到二维矢量,然后将所有的二维矢量构成一个

平面,记二维矢量为(x_1,x_2),所有的(x_1,x_2)构成一个二维空间。假设将一个二维平面分成 M块$S_1,S_2,\cdots,S_M$,然后在每一块区域找到一个代表值$\boldsymbol{Y}_i(i=1,2,\cdots,M)$,其中$\boldsymbol{Y}_i$称为量化矢量,这样就得到了$M$个区间的二维矢量量化器。图2-9为一个7区间的二维矢量量化器,即此时 $K=2,M=7$。

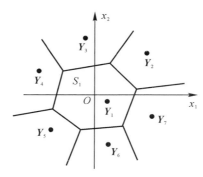

图 2-9　矢量量化概念示意图

（2）矢量量化的失真测度。矢量量化编码中,失真测度是一个反映了将输入信号矢量用码本重构矢量表示的代价的非常重要的指标参量。目前,常用的失真测度方法主要有均方误差失真测度、加权均方误差失真测度和绝对误差失真测度3种。根据矢量量化的定义,$\boldsymbol{X}_i$为某个K维待量化矢量,$\boldsymbol{Y}_i$为码本中的矢量,$\boldsymbol{Y}$为码本,$d(\boldsymbol{X},\boldsymbol{Y})$为失真测度,其中$\boldsymbol{X}_i$和$\boldsymbol{Y}_i$表示为式 （2-20）,则上述三种失真测度方法的原理可分别表示为如式（2-21）～式（2-23）。

$$\boldsymbol{X}_i=\{\boldsymbol{x}_{i1},\boldsymbol{x}_{i2},\cdots,\boldsymbol{x}_{iK}\}\qquad \boldsymbol{Y}_i=\{\boldsymbol{y}_{i1},\boldsymbol{y}_{i2},\cdots,\boldsymbol{y}_{iK}\}$$

均方误差失真测度为

$$d(\boldsymbol{X},\boldsymbol{Y})=\frac{1}{K}\parallel \boldsymbol{X}-\boldsymbol{Y}\parallel^2=\frac{1}{K}\sum_{i=1}^{K}(\boldsymbol{x}_i-\boldsymbol{y}_i)^2 \qquad (2-21)$$

加权均方误差失真测度为

$$d(\boldsymbol{X},\boldsymbol{Y})=\frac{1}{K}(\boldsymbol{X}-\boldsymbol{Y})^{\mathrm{T}}\boldsymbol{W}(\boldsymbol{X}-\boldsymbol{Y})=\frac{1}{K}\sum_{i=1}^{K}w(i)(\boldsymbol{x}_i-\boldsymbol{y}_i)^2 \qquad (2-22)$$

式中:$\boldsymbol{W}$表示加权矩阵;$w(i)$为加权系数。

绝对误差失真测度为

$$d(\boldsymbol{X},\boldsymbol{Y})=\frac{1}{K}|\boldsymbol{X}-\boldsymbol{Y}|=\frac{1}{K}\sum_{i=1}^{K}|\boldsymbol{x}_i-\boldsymbol{y}_i| \qquad (2-23)$$

失真测度是矢量量化及模式识别中十分重要的问题,选择得合适与否直接影响着系统性能。为了使得失真测度具有意义,在选择失真测度的衡量方式时需要具备下述特性。

1）主观评价具有意义,即小的失真度对应好的主观语音质量。

2）失真测度方法简单,易于处理和计算,在算法上易于实现,能够进行实际量化器的设计。

3）必须可计算并保证平均失真存在,且易于硬件实现。

（3）矢量量化器实现过程。矢量量化器工作流程图如图2-10所示,其由编码器和解码器两部分组成。

在编码端,将输入的原始待量化矢量与码本中的每个码矢逐一地比较,分别计算失真测度,找到失真最小的码字。即计算失真测度 $d=d(\boldsymbol{X}_i,\boldsymbol{Y}_i)$,其所代表的含义是输入待量化矢量 $\boldsymbol{X}_i$ 与码本矢量 $\boldsymbol{Y}_i$ 之间的误差。获得每一组计算值后,记录最小失真所对应码本矢量 $\boldsymbol{Y}_{\min}$ 的索引值,记为 index,index 为 $\boldsymbol{Y}_{\min}$ 在码本中的地址,这样就不需要在信道中传输待量化矢量 $\boldsymbol{X}_i$ 的具体值,只需要传输或存储对应的 index。解码时,根据对应 index 在解码端的码本找到相应的码本矢量 $\boldsymbol{Y}_i$。

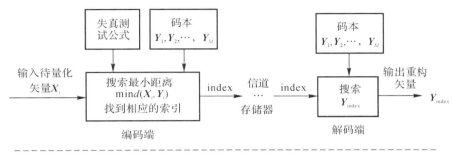

图 2-10　矢量量化器工作流程图

由于编解码端的码本相同,因而通过索引值得到的 $\boldsymbol{Y}_{\min}$ 可作为输入矢量 $\boldsymbol{X}_i$ 的重构矢量。整个矢量量化过程不传输原始的码本矢量,而是其对应的索引值,故具有高度的保密性能。

2.5.2　矢量量化码本设计方法

一个性能优良的码本设计是矢量量化的首要问题,设计一个好码本的关键在于寻求一种最佳方案在给定的边界区域找到最佳码本矢量使得码本的平均失真最小。常见的码本设计方法有 K-means 算法和 LBG 算法,K-means 算法主要应用在码本大小已知的情况下对样本进行聚类,但在大多数应用中,样本的聚类中心事先未知,因此常用 LBG 算法进行码本的设计。

LBG 算法的核心是首先生成一个聚类中心的码本,然后逐步迭代优化,以寻找最佳的码本,直到系统误差满足设定要求。以已知训练序列为例,最佳码本设计步骤如下。

(1)初始化。给定初始化码本大小 M,初始码本为 $\boldsymbol{Y}^{(0)}$,一个训练序列为 $\{\boldsymbol{X}_i\}$,$i=1,2,\cdots,$ m。设置失真门限为 $\varepsilon(0<\varepsilon<1)$,先令迭代次数 $n=0$,并设初始平均失真 $D^{(-1)}\to\infty$。

(2)迭代。根据步骤(1)给出的初始码本计算出最小失真条件下对应的 M 块区域边界 $S_i(i=1,2,\cdots,M)$,即利用训练序列 $\boldsymbol{X}_i\in S_i$ 使得失真度满足 $d(\boldsymbol{X}_i,\boldsymbol{Y}_i)<d(\boldsymbol{X}_i,\boldsymbol{Y}_j)(\boldsymbol{Y}_j\in\boldsymbol{Y})$ 得到最佳区域边界 $S_i^{(n)}$,最后再利用下式计算该区域下训练序列的平均失真:

$$D^{(n)}=\frac{1}{m}\sum_{i=0}^{m-1}\min_{Y_j\in Y}\left[d(\boldsymbol{X}_i,\boldsymbol{Y}_j)\right] \tag{2-24}$$

根据式(2-24)得出最终的平均失真后,计算相对失真:

$$\frac{D^{(n-1)}-D^{(n)}}{D^{(n)}}\leqslant\varepsilon \tag{2-25}$$

(3)结束。如果式(2-25)满足相对失真值小于或等于阈值 ε,则停止计算,此时得到的大小为 M 的码本 $\boldsymbol{Y}$ 就是设计得到的最佳码本,对应的边界为 $S_i^{(n)}$。否则,重新划分各区域的形心,继续步骤(2)的迭代运算,直到满足式(2-25)的阈值要求。

在以上设计过程中,需要选取初始码本,其对码本的设计有很大影响,要能够对欲编码的语音数据具有很好的代表性。主要的几种初始码本生成方法如下:

1)随机选择法。通过从训练序列中随机地选取 M 个矢量作为初始码字,以构成初始码本 $\boldsymbol{Y}^{(0)}=\{\boldsymbol{Y}_1^{(0)},\boldsymbol{Y}_2^{(0)},\cdots,\boldsymbol{Y}_M^{(0)}\}$。该方法不需要初始计算,能够很大程度上减少计算时间,同时初始化码矢选自训练序列,无空胞腔问题。但是由于选择具有随机性,可能会导致选到非典型矢量作为码矢,即选择不均匀,使得码本中的有限个码矢得不到充分地利用,降低矢量量化器的性能。

2)分裂法。分裂法首先设码本的尺寸 $M=1$,然后计算所有训练序列的形心,并作为第一个码矢 $\boldsymbol{Y}_1^{(0)}$,给其加一个很小的扰动 ε,分裂为 $\boldsymbol{Y}_2^{(0)}=\boldsymbol{Y}_1^{(0)}+\boldsymbol{\varepsilon}$,形成两个新的码矢,再以 $M=2$ 继续用训练序列设计得到码本,如此反复,经过 $\log_2 M$ 次最终得到所要求的含 M 个码矢的初始码本。

2.6 语音质量评价方法

评价语音编码器或者语音编码算法的指标主要有编码速率、语音质量、时延和计算复杂性等,其中编码后的语音质量受很多因素的影响,如编码速率的高低、环境噪声的情况、传输信道的误码率影响和不同发音者等。下述介绍的超低码率语音压缩算法,分别从主、客观两方面来评价输出语音质量的可懂度和自然度。

2.6.1 主观评价方法

对于语音信号来说,语音的主观评价最直接准确,也易于理解的,其方法种类很多,主要分为对语音的音质评价和可懂度评价。接下来将介绍比较常见的平均意见得分(mean opinion score,MOS)评价方法和判断韵字测试(diagnostic rhyme test,DRT)评价方法。

(1)MOS 评价方法。MOS 评分以音质作为评价标准,是一种国际标准下用来评估系统接收到的经过压缩后的语音质量的方法。MOS 的范围值为 1~5 分,五个等级的标准见表 2-1,是受邀听众对听到编码器输出语音后,根据自己的主观感受给出的评价。

表 2-1 MOS 评分五级标准

MOS 得分	质量级别	主观感受
1	劣(Bad)	极差,听不懂,延迟大
2	差(Poor)	勉强能懂,延迟较大
3	中(Fair)	听不太清,有一定延迟
4	良(Good)	听得清楚,欠顺畅
5	优(Excellent)	很好,清楚顺畅

(2)DRT 评价方法。可懂度反映了听音者对输出语音内容的识别程度,其常见的评价方式为 DRT。DRT 是衡量通信系统可懂度的国际标准之一,这种测试方法使用几组编码过的

单词的发音,如相同韵母单词或单音节词进行测试,主要应用于低速率语音编码中,此时可懂度是表征语音压缩编码器或语音压缩算法性能的主要问题。规定 DRT 的分值范围为 0~100 分,记某次 DRT 结果为 A,一般分为以下 5 个等级:不可接受($A<65$);差($65{\leqslant}A<75$);中等($75{\leqslant}A<85$);良好($85{\leqslant}A<95$);优($95{\leqslant}A<100$)。好的语音编码器的 DRT 分值一般为 85~90。

2.6.2　客观评价方法

为了解决主观评价方法十分耗费时间和人力,以及人反应的不可重复性使评价结果具有怀疑性等问题,还必须引入语音合成质量的客观评价方法。客观评价建立在对原始语音信号与失真语音信号对比的基础上,能够反映主观评价的初步结果,不仅能够对语音通信系统进行初步的评价,还能够为通信系统的设计提供最佳准则。目前的客观评价方法主要区别在于采用的失真参数不同,从语音特征参数层面,可分为时域测度、频域测度和其他测度三类。

(1)信噪比(Signal-to-noise ratio,SNR)。SNR 是最简单的时域失真测度,通过对输入的原始语音信号和编解码后合成语音信号直接进行失真计算,来度量语音质量的优劣。此时,SNR 的定义为

$$\text{SNR} = 10\lg\left\{\frac{\sum_{n=0}^{N}s^2(n)}{\sum_{n=0}^{N}[s(n)-\hat{s}(n)]^2}\right\} \tag{2-26}$$

式中:n 为语音帧数;$s(n)$ 为第 n 帧原始语音信号;$\hat{s}(n)$ 为第 n 帧编解码后的合成语音信号。

由式(2-26)可知,SNR 结果为整个语音时间轴上的语音信号和噪声信号的平均功率之比,用于对长时语音的重建进行度量。由于语音的短时平稳性,可以对语音信号进行分帧计算 SNR 值,计算可由式(2-26)转化为

$$\text{SNR}_{\text{seg}}(n) = 10\lg\left\{\frac{s^2(n)}{[s(n)-\hat{s}(n)]^2}\right\} \tag{2-27}$$

式(2-27)表示分段 SNR,结果能够更加接近于主观值。式中:$\text{SNR}_{\text{seg}}(n)$ 为某一段语音帧内,语音信号和噪声信号的平均功率之比。

信噪比也可以在频域进行计算,对于一个语音信号的第 m 帧,它的频域分段信噪比计算公式记为 $\text{FwSNR}_{\text{seg}}(m)$:

$$\text{FwSNR}_{\text{seg}}(m) = 10\frac{\sum_{j=0}^{K-1}W(j,m)\lg\left\{\frac{S^2(j,m)}{[S(j,m)-\hat{S}(j,m)]^2}\right\}}{\sum_{j=0}^{K-1}W(j,m)} \tag{2-28}$$

式中:K 为频带数量;$S(j,m)$ 和 $W(j,m)$ 分别为第 m 帧中第 j 个频带的信号幅值及所占权重,$W(j,m)$ 可通过回归分析或者查表得到。

(2)对数似然比(log-likelihood ratio,LLR)测度。由前面的介绍可知,利用线性预测模型可以有效地建模语音产生过程。因此,产生了很多通过计算原始语音信号和失真语音信号的线性预测系数之间的距离来度量语音谱包络失真度,其中对数似然比测度就是一种距离度量方式,核心思想是计算原始语音的线性预测参数和编码处理后的失真语音的线性预测参数

之间的差异。LLR 计算式可表为

$$d_{\text{LLR}}(\boldsymbol{a}_\text{d}, \boldsymbol{a}_\text{c}) = \log\left(\frac{\boldsymbol{a}_\text{d}\boldsymbol{R}_\text{c}\boldsymbol{a}_\text{d}^{\top}}{\boldsymbol{a}_\text{c}\boldsymbol{R}_\text{c}\boldsymbol{a}_\text{c}^{\top}}\right) \tag{2-29}$$

式中：$\boldsymbol{a}_\text{c}$ 为原始语音信号的 LPC 向量；$\boldsymbol{a}_\text{d}$ 为失真语音信号的 LPC 向量；$\boldsymbol{a}^{\top}$ 为 $\boldsymbol{a}$ 的转置；$\boldsymbol{R}_\text{c}$ 为原始语音信号的自相关矩阵。

对数似然比评价方法也可以扩展到频域，同时衍生了一些其他各类方法，与主观评价的相关度可达 0.9 左右。

（3）其他测度。除了上面介绍的基于 SNR 的时域和频域评价标准，以及基于 LPC 系数的对数似然比语音质量评价标准外，在频域上的谱失真测度方法还有 Bark 谱测度、Mel 谱测度，以及一些在时域测度和频域测度基础上发展起来的相关函数法、转移概率距离测度和组合距离测度等。

2.7 本 章 小 结

本章结合语音压缩编码的技术原理，依次介绍了语音信号的组成、语音信号的分析方法、语音信号的编码方式以及语音压缩编码之后最重要的量化手段和合成语音质量的主客观评价标准。①根据人类发声模型建立了一个语音信号数字模型，分析了语音组成中最重要的一些参数，为后面进行语音的分析提供理论指导；②结合语音短时平稳性的特点，介绍了一些语音处理在时域和频域上的分析方法，能够进行简单的清浊音区分、共振峰估计等，并重点介绍了十分经典常用的线性预测分析技术；③对语音特征参数的编码方式和最重要的矢量量化技术进行了介绍，为后续章节开展语音特征参数的分析以及语音压缩提供了方法；④根据评价语音编码器和语音编解码算法的标准，介绍了现有的一些语音质量主客观评价方法。综上，本章内容为后续章节的算法设计和实验分析提供了理论知识基础。

第3章 超低码率语音压缩算法原理与实现

3.1 引　　言

　　现代的通信技术发展迅速,语音通信是基本也是最重要的通信方式之一。因此,在现有的有限带宽以及极窄带宽通信信道下,对语音进行压缩编码去冗余并保证合成语音信号能够抓住原始语音关键信息成为了语音领域研究的一个热门问题。从第2章介绍的内容可知,语音编码主要从波形、参数以及两者混合的方式对语音信号进行分析与合成研究。正弦激励线性预测算法正是采用了混合编码方式,以正弦激励模型作为浊音的激励源,对语音信号的幅度以及周期特性进行了准确的描述。相比于基于混合编码的 CELP 算法,SELP 算法模型不仅能在编码速率为 1.2 kb/s 甚至更低时,保证合成语音有足够高的质量,还克服了 MELP 算法以脉冲作为浊音激励源引起的语音自然度不足的缺点,能够很好地应用在极低码率语音压缩技术领域。

　　本章以正弦激励线性预测算法为核心:①分析谐波正弦模型的基本原理;②整体构建与分析语音参数的提取和量化流程;;③具体介绍基音频率、清浊音区分和谐波幅度等主要语音特征参数的提取方法以及参数的量化方法。

3.2 谐波正弦模型基本原理

　　随着对语音分析和合成技术研究的深入,语音的一些规律和特性开始得到充分地挖掘。特别是基于语音的谐波性和周期特性被迅速地运用到语音编解码技术中,谐波正弦语音模型(Harmonic Sinusoidal Speech Model,HSSM)就是基于语音这两个性质建立起来的新型语音编解码技术。

　　根据谐波正弦语音模型思想可知,组成语音信号的各分量信号的频率可以利用基音频率进行表示,分量信号的频率具有与基频成倍数的关系。该性质的发现为降低语音模型参数,并进一步为语音编码码率的降低提供了可能。

　　设某一段语音的基音频率为 F_0,浊音谱上的 L 个频率峰值为 F_l,根据 HSSM 思想,可得谐波信号频率与基音频率的关系为

$$F_l = lF_0, \quad l = 1, 2, \cdots, L \tag{3-1}$$

　　由式(3-1)可以看出,在编码的过程中只需要传输基频值 F_0,在解码端就可以根据该值找到其他谐波信号对应的的频率值,从而对语音信号进行合成。语音信号中包含的谐波数 L

可以根据实际语音信号的基音频率和截止频率 F_c 计算得出：

$$L = \left\lfloor \frac{F_c}{F_0} \right\rfloor \tag{3-2}$$

式中：$\lfloor \ \rfloor$ 表示向下取整。由于浊音部分主要集中在 4 kHz 以下范围，所以谐波数量 L 适用于 4 kHz 带宽，作为浊音片段的截止频率。设 ω_0 以归一化为 4 kHz 的弧度指定，则当弧度为 π 时，频率为 4 kHz，因此以 Hz 为单位表示基音频率，可表示为

$$F_0 = \frac{8\,000}{2\pi}\omega_0 \tag{3-3}$$

根据式（3-3），谐波数量的计算公式可进一步表示为

$$L = \left\lfloor \frac{\pi}{\omega_0} \right\rfloor \tag{3-4}$$

这样对于浊音片段的语音帧，利用谐波正弦语音模型表示为

$$s(n) = \sum_{m=1}^{L} A_m \sin(m\omega_0 n + \theta_m) \tag{3-5}$$

式中，$s(n)$ 代表某一帧的语音信号，由 L 个频率的正弦信号叠加而成，对应每个频率都是基音 ω_0 的倍频；θ_m 是每个频率的相位信息。该式主要针对于以正弦激励模型作为激励源的浊音部分的语音处理过程中，对于语音信号中的清音部分，由于其本质上是不具有周期特性的随机噪声，所以该式并不符合其物理特性，难以对其分析和合成过程进行很好地描述，使得最终合成的语音可能存在大量的机械噪声等严重干扰。

综上，可构建谐波正弦语音模型的编码流程如图 3-1 所示。

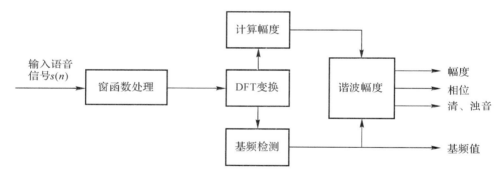

图 3-1　谐波正弦语音模型编码流程图

分析图 3-1 的主要过程可知：①根据语音信号的短时平稳性，可以将语音信号划分为很多短时的语音段，即进行分帧处理，考虑到帧之间信息的连续性，就需要对输入原始语音信号加窗处理，在截取的有限长度信号上实现时域、频域以及基音检测分析。②对分帧的语音片段做短时频域变换，利用离散傅里叶变换（Discrete Fourier Transform，DFT）得到短时语音谱。③根据能量分布在频谱上区分清、浊音部分，找到最佳基音频率值并获得对应的谐波幅度和相位等重要的语音特征参数信息。

通过上述的转换和计算后，可以得到基于谐波正弦语音模型得到的语音参数，包括基频、谐波幅度和相位值等。为了实现超低码率算法的设计，需要对这些主要的语音特征参数进行合适地量化编码。由于基频值在语音合成中十分重要，对语音信号合成质量影响较大，所以对基音一般进行标量量化。对于谐波幅值而言，表征语音信号的主要信息，有效地提取和保留幅

值信息十分重要,因此采用多级矢量量化算法力求对幅值信息实现尽可能高地还原。对提取的语音特征参数量化完成后,通过信道传输到达解码端,然后根据相应的语音参数重新合成语音。整个谐波正弦语音模型解码算法流程如图 3-2 所示。

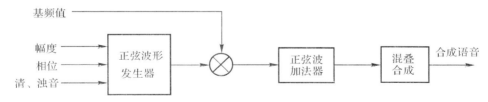

图 3-2　谐波正弦语音模型解码算法流程

在图 3-2 中,相位、浊音度以及基音频率这三个参数用于控制正弦波形发生器产生不同频率、相位的正弦波。幅度参数用于控制前述产生的正弦波的幅值。最终将所有的正弦波叠加在一起,就能够根据这些语音模型参数实现语音的合成。

在实际操作过程中,单位语音帧中可能同时存在清音和浊音。在一些特殊情况,可能会造成以下不良影响。

(1)在发出浊音信号时,声道会进行一定程度的收缩,此时呼出的气体与声道之间会有相应的摩擦,引入属于清音部分的能量。

(2)在实际语音信号中,即使是相对稳定的周期信号,由于气体的呼出,也会存在非谐波的部分。

目前,主要采用的是混合激励的语音模型编码方式,通过把语音分为几个子部分,分别对各个子部分进行清、浊音的分析并传输至解码端。

3.3　语音参数提取流程

根据 3.2 节谐波正弦语音模型表达式(3-5)可知,对于浊音帧的正弦模型激励源只需要获得基音频率、谐波振幅以及相位信息就可以对语音中的浊音部分进行合成。因此,基于SELP 算法模型可得语音信号参数的整个提取流程如图 3-3 所示。

由图 3-3 可知,整个语音参数提取过程表达了谐波正弦模型的编码过程。编码过程涉及语音信号的预处理、语音的加窗处理、DFT 变换以及关键特征参数的提取等过程。由于语音信号中存在背景噪声,以及工频 50 Hz 干扰等,所以必须对原始语音信号进行预处理。预处理后进行短时加窗处理和频域变换以及基音估计,然后利用 MBE 编码器损失函数在一组基频候选值中寻找到最佳基音,并求得相应的谐波幅度和相位等语音特征参数,就完成了整个语音编码过程。整个语音信号的参数提取过程运用谐波正弦模型思想,只提取某一短时帧语音信号的一个最佳基音频率值,然后根据基频值及基音周期在对应的语音帧完成语音信号幅值及相位的提取,极大地压缩了语音数据量,为实现超低码率语音压缩提供了可能。

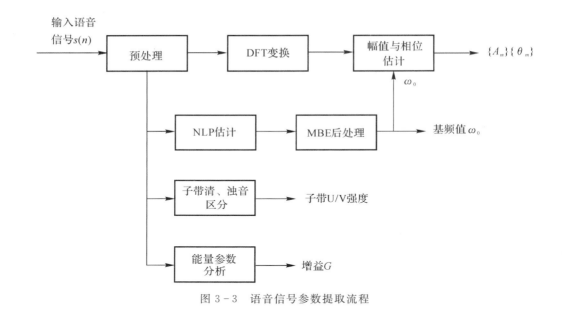

图 3-3　语音信号参数提取流程

3.4　参数分析方法

3.4.1　预处理

对原始语音信号分析和处理前,必须对其进行预加重、分帧、加窗等预处理操作。由第 2 章的介绍可知,基音频率的范围一般在 60～500 Hz 之间,要在采集的语音信号中提取基音频率,就需要考虑语音的低频部分,因此提取基频值时需要用一个低通滤波器来获取基频区间范围的信号。同时,由采集语音设备所带来的混叠和高频等干扰也严重影响着合成语音的质量,因此希望通过高通滤波器来去除直流分量和 50 Hz 的工频干扰,最终将经过预处理后的语音信号作为后面参数分析的输入信号。

3.4.2　幅度和相位估计

图 3-3,为输入语音信号的参数提取流程。为了进行语音信号的分析与处理,通过加窗将语音时域信号 $s(n)$ 分成不同的可以重叠的短时分析帧。设窗函数的长度为 N_w,每一个分析帧之间的中心间距为 N,利用 Hanning 窗作为窗函数进行处理,则第 l 帧语音信号可表示如

$$s_w^l(n) = s(lN + n)w(n), \quad n = N_{wl}, \cdots, N_{wu} \tag{3-6}$$

式中:$w(n)$ 是窗口大小为 N_w 的窗函数,以坐标原点为分析帧中心,$N_{wl} = -\left\lfloor \dfrac{N_w}{2} \right\rfloor$ 为窗函数下界,$N_{wu} = \left\lfloor \dfrac{N_w}{2} \right\rfloor$ 为窗函数上界。对于 Hanning 窗而言,此时窗函数表达式为

$$w(n)=0.5\left\{1-\cos\left[\frac{2\pi(n-N_{wl})}{N_w-1}\right]\right\},\quad n=N_{wl},\cdots,N_{wu} \tag{3-7}$$

为了分析 $s_w^l(n)$ 的频域性质,引出离散傅里叶变换的定义:设 $x(n)$ 为一个长度为 M 的有限序列,则 $x(n)$ 的 N 点离散傅里叶变换可定义为

$$X(k)=\mathrm{DFT}\left[x(n)\right]=\sum_{n=0}^{N-1}x(n)W_N^{kn},\quad k=0,1,\cdots,N-1 \tag{3-8}$$

式中,$W_N=\mathrm{e}^{-j\frac{2\pi}{N}}$,$N$ 称为 DFT 变换的区间长度,$N\geqslant M$。

则实序列 $s_w^l(n)$ 的 $N_{dft}(N_{dft}>N_w)$ 点 DFT 变换为

$$S_w^l(k)=\sum_{n=N_{wl}}^{N_{wu}}s_w^l(n)\mathrm{e}^{-j\frac{2\pi kn}{N_{dft}}},\quad k=0,1,\cdots,\frac{N_{dft}}{2} \tag{3-9}$$

根据 DFT 的共轭对称性可知,其离散傅里叶变换关于 $N/2$ 对称,因此这样只需要计算前半部分,减少了 DFT 的运算量,提高了运算效率。

根据式(3-5)的正弦语音模型表达式,可将当前的第 l 语音帧信号表示为

$$s^l(n)=\sum_{m=1}^{L}B_m^l\cos\left[m\omega_0^l(n-lN)+\theta_m^l\right] \tag{3-10}$$

则对于式(3-6)的 DFT 变换为

$$S_w^l(k)=S^l(k)*W(k) \tag{3-11}$$

式中:$S_w^l(k)$ 为 $s_w^l(n)$ 的 DFT 变换;$S^l(k)$ 为 $s(lN+n)$,$n=N_{wl},\cdots,N_{wu}$ 的 DFT 变换;$W(k)$ 为 $w(n)$ 的 DFT 变换。

然后定义正弦幅度复数值 $A_m^l=B_m^l\mathrm{e}^{j\theta_m^l}$,则结合式(3-8)以及式(3-10)可推导出 $S^l(k)$ 的计算式为

$$S^l(k)=\frac{N_{dft}}{2}\sum_{m=1}^{L}A_m^l\delta\left(k-m\frac{\omega_0^l N_{dft}}{2\pi}\right),\quad k=0,1,\cdots,\frac{N_{dft}}{2} \tag{3-12}$$

根据式(3-11)可得第 l 帧语音信号的离散傅里叶变换 $S_w^l(k)$ 的计算式为

$$S_w^l(k)=\frac{1}{2}\sum_{m=1}^{L}\sum_{i=a_m}^{b_m}A_m^l\sigma\left(i-m\frac{\omega_0^l N_{dft}}{2\pi}\right)W(k-i),\quad k=0,1,\cdots,\frac{N_{dft}}{2} \tag{3-13}$$

式中:$a_m=\left\lfloor(m-0.5)\frac{\omega_0^l N_{dft}}{2\pi}+0.5\right\rfloor$,$b_m=\left\lfloor(m+0.5)\frac{\omega_0^l N_{dft}}{2\pi}+0.5\right\rfloor$。

假设 ω_0^l 已知,在谐波中心点 ω_0^l 处采样即可得到所处理的第 l 帧语音帧信号 $S_w^l(k)$ 的幅值与相位信息。将 $k=m\frac{\omega_0^l N_{dft}}{2\pi}$ 代入式(3-13),可得幅度和相位的估计表达式为

$$\left.\begin{aligned}\hat{A}_m^l&=S_w^l\left(m\frac{\omega_0^l N_{dft}}{2\pi}\right)=\frac{A_m^l W(0)}{2}\\\hat{\theta}_m^l&=arg\left[S_w^l(m\frac{\omega_0^l N_{dft}}{2\pi})\right]\end{aligned}\right\} \tag{3-14}$$

考虑到当前语音帧中可能同时包含清浊音部分的能量,因此,对于谐波幅值的估计可采用更加普适性的 RMS 幅度估计法,计算公式为

$$R_m=\left[\sum_{k=a_m}^{b_m}\left|S_w^l(k)\right|^2\right]^{\frac{1}{2}} \tag{3-15}$$

3.4.3 基音频率分析

在谐波正弦语音模型编码算法中,基音频率的提取采用了时域和频域相结合的方式。通过时域波形大概判定基音频率的范围,然后在频谱上进一步做分析处理获得一组基音的估计,并通过 MBE 分带处理思想寻找最佳的基音频率值。常见的纯语音信号基音检测方法包括自相关函数法、平均幅度差函数法、倒谱法等,在带噪声语音信号中主要有小波-自相关函数法和谱减自相关函数法。本书采用非线性基音(Non−Linear Pitch, NLP)估计算法作为基音频率的提取算法,并通过 MBE 处理后实现更精确的基音捕捉方案。NLP 实际上是一种频域上的自相关检测法,整个的基音检测过程如图 3−4 所示。

图 3−4 基音检测过程

其过程主要分为三部分:①基音提取。根据 NLP 特性,在输入语音信号帧上选取一组基音频率候选值。②后处理。利用 MBE 基音检测技术评估基于提取过程中得到的每一个基音频率候选值,选择一个作为当前语音帧的基音频率估计值。③基音精确。寻找该语音帧内最准确的基音频率值。

根据上述检测过程,对于某一输入的短时语音帧信号 s(n),其时域表达式可由式(3−5)变换得到:

$$s(n) = \sum_{m=1}^{L} A_m cos(m\omega_0 n + \theta_m) \tag{3-16}$$

对式(3−16)二次方相乘可得 $\sum_{m=1}^{L}$ 平方信号的表达式为 $\sum_{l=1}^{L} A_l cos(l\omega_0 n + \theta_l)$ (3−17)

经变换整理得

$$s^2(n) = \frac{1}{2} \sum_{m=1}^{L} \sum_{l=1}^{L} A_m A_l \{cos[\omega_0 n(m+l) + \theta_m + \theta_l] + cos[\omega_0 n(m-l) + \theta_m - \theta_l]\} \tag{3-18}$$

从式(3−18)中可以看出,二次方后的时域信号中含有大量的直流分量干扰,从而可能在基波处存在较小的振幅项,因此必须对二次方后的语音信号选择合理的滤波器进行滤波处理,以滤除直流干扰信号。

根据 DFT 变换性质,两个时域信号相乘的 DFT 变换表达式为

$$DFT\{x(n)y(n)\} = Z(k) = \frac{1}{N} \sum_{l=0}^{N-1} X(l)Y(k-l) \tag{3-19}$$

式中:X(k)为 x(n)的 N 点 DFT 变换;Y(k)为 y(n)的 N 点 DFT 变换。

则由式(3−19),对于两个相同时域信号相乘,即二次方信号的 DFT 变换表达式为

$$DFT\{x(n)x(n)\} = Z(k) = \frac{1}{N} \sum_{l=0}^{N-1} X(l)X(k-l) \tag{3-20}$$

根据频域循环卷积定理可得,式(3−20)表明了两个时域信号相乘对应于两个信号的离散傅里叶变换的循环卷积。因此,由自相关法思想可知某一个时域信号与自身相乘,使得该信号

的 DFT 域上为自相关。对于基音频率的检测,本书就采用频域上的自相关法来估计语音信号的基音频率值,即对二次方后的语音帧信号进行 DFT 变换。

经过 DFT 变换后,在频域上可得该信号的幅度 $Z(k)$ 的频谱峰值对应于基音频率值 F_0 或者 F_0 的倍数,因此可用于基音频率的检测。为了使得基音提取更加准确,本书进一步考虑功率谱 $U(k) = |Z(k)|^2$,在大多数情况下,功率谱 $U(k)$ 的全局最大值与基音频率值 F_0 相关,但是也存在着一些虚假峰值以及 F_0 的倍数这样一些伪基音频率值点,因此本书通过设定一个阈值 U_T 来确定基音频率的数量,且 U_T 值在每一段语音帧中动态变化。U_I 的一个变化关系为

$$U_T = T_0 U(k_{max}) \tag{3-21}$$

式中:T_0 为一个初始值,设置为 0.1;k_{max} 为 $U(k)$ 中的全局最大值。

通过在一段语音帧中动态变化 T 即可选取一组基频候选值,例如在某段语音帧中得到的 V 个大于 U_T 的局部最大值可记为 $\{k_1, k_2, \cdots, k_v, \cdots, k_V\}$,其中 k_v 为第 v 个局部最大值。此时得到的 V 个局部最大值就可作为一组基频候选值,然后经过 MBE 后处理技术评估每一个候选值来找到一个最佳的基音频率值。

MBE 后处理的主要思想为构建一个损失函数 E,在基音频率候选值中寻找到一个合适的 $\hat{\omega}_0^l$ 来最小化 E:

$$E(\hat{\omega}_0^l) = \sum_{m=1}^{L} |E_m(\hat{\omega}_0^l)|^2 \tag{3-22}$$

$$E_m(\hat{\omega}_0^l) = \sum_{k=a_m}^{b_m} [S_w^l(k) - \hat{S}_w^l(k, m)] G(k) \tag{3-23}$$

$$\hat{S}_w^l(k, m) = \hat{A}_m^l W\left(k - m \frac{\hat{\omega}_0^l N_{dft}}{2\pi}\right) \tag{3-24}$$

式中:$S_w^l(k)$ 为 $s_w^l(n)$ 的 DFT 变换;$\hat{S}_w^l(k, m)$ 为第 m 个子频率带的合成频域语音信号;$G(k)$ 为一个权重函数,表达式为:

$$G(k) = \begin{cases} 0, & k < \dfrac{N_{dft}}{8} \\[2mm] 1, & k > \dfrac{N_{dft}}{8} \end{cases} \tag{3-25}$$

这样通过计算原始语音和合成语音频域信号之差来最小化 $E(\hat{\omega}_0^l)$,就可以找到最佳的基音估计,然后利用该最佳基音频率去分析幅值和相位参数。综上过程可以看出,利用 NLP 算法来提取基音频率能够为语音参数编码带来较低计算量、低参数量等好处。

3.4.4　子带清浊音区分

根据语音信号的组成可知,清音与浊音的激励源不同。浊音一般是指由周期信号或脉冲信号作为激励信号的语音,清音一般指以噪声为激励信号的语音。当清音和浊音同时存在时,称之为过渡音。通常把浊音和过渡音统称为非清音。为了模拟浊音和清音,在工程的实际应用中,将周期序列和正弦波信号作为浊音的激励源,而白噪声作为清音的激励源。

区分浊音还是清音的算法称为语音分类算法,该算法在语音特征分析、编码、合成及语音增强等多个领域都有广泛的应用。语音分类算法的优劣直接关系到了语音合成的质量。若语音分类算法将浊音误判为清音时,则会导致合成语音不连续,存在大量间断点,同时语音失真

严重。与之相反的是,当大量清音被误判为浊音时,重新合成的语音当中会存在大量的机器合成音,严重影响了语音合成的质量。简而言之,语音分类算法是语音信号处理领域中极为重要的一环。

SELP 算法将 4 kHz 以下范围内的语音信号频带分为[0,500],[500,1 000][1 000,2 000]、[2 000,3 000]和[3 000,4 000]五个区间,主要是通过对子带内信号的能量强弱、归一化自相关函数值、短时过零率等进行分析来判定子带的清、浊音特性。目前,清、浊音的判别过程中,主要运用统计方法实现区分,其原理是在一段时间内,语音信号的单位数据帧过零率和其所携带的能量。判别过程可以分为提取语音特征和进行清浊音判别两个步骤。依靠一段时间的语音物理特征和统计特征,能够采用阈值来划分清音和浊音,其主要特征有如下几个。

(1)短时能量。假设选择某窗函数的实际窗长为 N,当窗函数加在原始输入语音信号 s(n)上时,可以得到一个短时语音帧 $s_N(n)$,根据 2.3.2 节中介绍的短时能量分析方法,其短时平均能量的计算为

$$E_n = \left\{ \frac{1}{N} \sum_{n=1}^{N} \left[s_N(n) \right]^2 \right\}^{\frac{1}{2}} \qquad (3-26)$$

短时能量为区分清、浊音提供了理论基础。当语音属于浊音成分时,由于是周期信号或脉冲信号作为激励源,所以其短时能量相对较高。当语音属于清音成分时,由于其激励源来自于噪声,其能量是在整个语音信号中平均分布,并不会造成短时能量激增,所以短时能量属于较低水平。当语音属于过渡音成分时,其短时能量与上述两种语音表现形式有所差异。综上所述,当语音信号的信噪比相对较高时,可以采用短时能量进行浊音和清音的区分和判断。

(2)短时平均过零率。顾名思义,类似于数学中函数的零点,其含义是指在离散语音信号中,若相邻抽样值具有不同的代数符号,即有正有负,就可以认为发生了过零事件。利用短时过零率的特性可以大致估算频谱特性,对于某一帧语音信号,其短时平均过零率可表示为

$$Z_0 = \frac{1}{2} \sum_{n=0}^{N-1} \left| sgn\left[s_N(n) \right] - sgn\left[s_N(n-1) \right] \right| \qquad (3-27)$$

式中:sgn[·]为符号函数,有

$$sgn[x] = \begin{cases} 1, & x \geqslant 0 \\ -1, & x < 0 \end{cases} \qquad (3-28)$$

根据上述浊音和清音的特性,能够很容易得到浊音在一般情况下具有较低的过零率,而清音具有较高的过零率,由于其随机性,会在零左右进行震荡摆幅,其过零率相对较高。与采用短时能量的方法相类似,其高低标准采用的也是事先设定好的阈值。因此,只根据短时过零率对清、浊音进行判断并不是很精确。

总而言之,短时能量和短时过零率是语音分类算法最为常用的判断清、浊音区分的方式。图 3-5 为一段输入语音信号时域波形及其短时能量分布,图 3-6 为一段输入语音信号时域波形及其短时平均过零率。

从图 3-5 的短时能量分布图中可以看出,语音信号的能量与语音波形一一对应,主要集中在具有周期性的浊音部分,从图 3-6 的短时平均过零率图中可以大体看出短时能量高的部分,其短时平均过零率低,对应于浊音部分,短时能量低的部分的短时平均过零率高,对应于清音部分。为了进一步验证上述常见的语音分类算法,进一步分析了包含 320 个样本的一段浊音帧语音信号和一段清音帧语音信号的时频域波形特性,分别如图 3-7 和图 3-8 所示,从频

谱幅度可以看出浊音的频谱幅度远大于清音的频谱幅度。

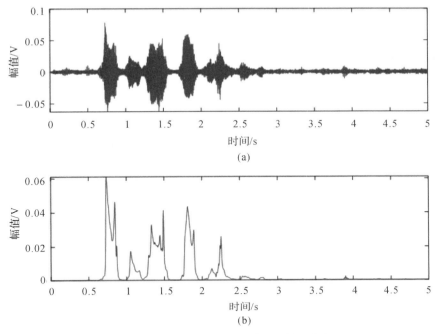

图 3 - 5　语音信号波形及其短时能量分布

(a)原始语音信号波形；　(b)短时能量

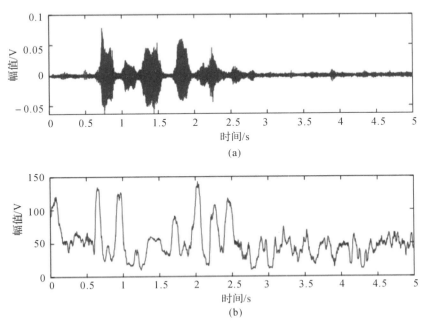

图 3 - 6　语音信号波形及其短时平均过零率

(a)原始语音信号波形；　(b)短时能量

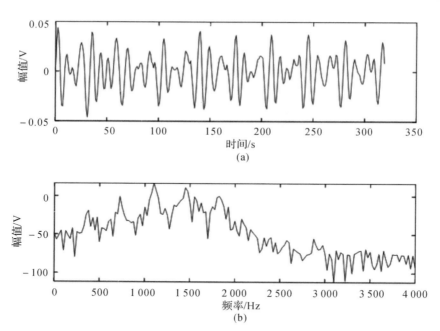

图 3-7 浊音帧时域信号及频谱

（a）浊音帧信号； （b）浊音帧信号频谱

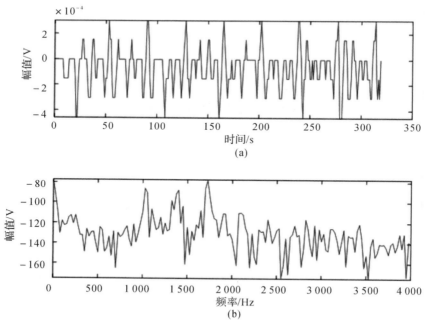

图 3-8 清音帧时域信号及频谱

（a）清音帧信号； （b）清音帧信号频谱

3.4.5　能量参数分析

对输入原始语音信号的能量特征参数分析主要是分析余量信号,余量信号由预处理后的语音信号通过线性滤波器求得。这样可求得某一帧短时能量参数 G:

$$G=\sqrt{\frac{1}{N}\sum_{n=0}^{N-1}r^2(n)}\qquad(3-29)$$

式中:N 为窗函数长度大小;$r(n)$ 为余量信号。

在语音合成时,直接将每一帧计算所得到的能量转化为增益,对合成的语音信号进行增益调制。

3.5　参　数　量　化

根据前面的介绍可知,量化是一个将模拟信号转换为数字信号的过程,然后将量化得到的数据进行编码传输。SELP 算法语音模型的量化工作主要包括基音频率量化、谐波幅值量化、U/V 量化以及能量参数量化等,从而实现压缩数据的基础上尽可能保留语音信号主要信息的目的,然后编码传输。

3.5.1　基音频率的量化

由基音频率分析过程可知,基音频率的提取主要在具有基音周期的浊音部分完成。一般情况下会先对当前的语音分析帧进行一个清、浊音的判断,然后提取基音频率。本书在进行基音频率量化时,采用对数量化标准量化获得的最佳基频,如果当前帧为清音帧,则用一个非常小的量化索引值来代替。

3.5.2　幅值量化

在 SELP 算法模型中,谐波幅度是语音特征参数中最重要的参数,有效地描述了语音的频谱特性,因此对幅度值很好地编码量化十分重要。本书采用两级矢量量化技术对谐波幅度进行量化,能够在合适的码本以及算法复杂度条件下,达到很高质量的量化效果,一般每一帧需要 20 b 以上。

多级矢量量化算法的工作流程如图 3-9 所示。图 3-9 中呈现的编码过程分为多级进行,解码过程与之相反。

在多级矢量量化算法流程中,本书采用失真测度来表示码本中的矢量代替原矢量而产生的误差。失真测度可表示为

$$d=d(\boldsymbol{X},\boldsymbol{Y}_i),\quad i=1,2,\cdots,N\qquad(3-30)$$

式中:$\boldsymbol{X}$ 为原始输入矢量;$\boldsymbol{Y}_i,i=1,2,\cdots,N$ 为码本中某一码矢。

在编码端,首先计算第一级输入矢量 $\boldsymbol{X}$ 与码本 $\boldsymbol{Y}^{(1)}$ 中矢量的误差,找到最小失真码本矢量

$Y_i^{(1)}$ 并记录其对应索引值 i。然后计算量化误差 $e_1 = X - Y_i^{(1)}$ 并将 e_1 作为第二级码本 $Y^{(2)}$ 的输入矢量，找到最小失真码本矢量 $Y_j^{(2)}$ 并记录对应索引值 $j^{(1)}$。以此类推，码本 $Y^{(m)}$ 的输入矢量为 $e_{(m-1)}$，然后找到最小失真码本矢量 $Y_j^{(m)}$ 并记录其对应索引值 $j^{(m-1)}$。最后得到每一级的索引值，作为多级矢量量化算法编码端的输出。

解码时，利用信道内接收到的编码端传输过来的所有矢量量化索引进行译码，根据每一级的索引值，在码本中逐级查找相对应索引值的码本重构矢量，最终得到原始输入矢量 X 的重构矢量。

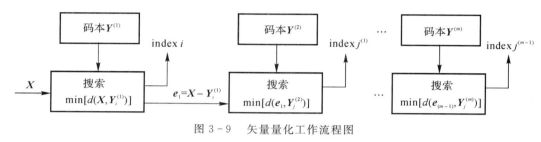

图 3-9 矢量量化工作流程图

3.5.3 子带清浊音的量化

根据人类发声特性可知，基音频率的范围一般为 $80 \sim 500$ Hz，这样对于低频处子带的清、浊音信息就直接可以通过基音周期反映。其他子带的清、浊音强度区分主要根据其短时能量进行判别，把能量高的部分判断为浊音，能量较低的部分判断为清音。不直接量化清、浊音判断参数，而通过当前帧信号的能量反映清、浊音区分结果。

3.5.4 能量量化

能量参数直接从预处理后语音信号中提取得到，其量化采用一维的标量量化方法完成，将其取值范围限制在区间 $[10, 77]$ dB 范围内。以分配 2 比特数对能量参数进行均匀量化为例，其量化编码过程如图 3-10 所示。

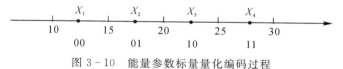

图 3-10 能量参数标量量化编码过程

从图 3-10 中可以看出，将一个动态范围分成了四个小区间，每一个小区间都有一个量化代表值，分别为 $[X_1, X_2, X_3, X_4]$，量化完成后分别用 $00, 01, 10, 11$ 进行编码传输。

3.6 本章小结

如何提取出能够表示语音信号本质的特征参数是语音信号分析和合成中的一个重点，也是本章的主要内容：①针对 SELP 算法的特点引出了谐波正弦编码思想，根据该思想对分析的语音信号进行数学建模；②按照语音模型表达式特点从编码端介绍了语音信号分析过程中需要提取的主要特征参数，以及获得这些参数后如何在解码端实现语音合成；③搭建了 SELP 声码器算法的整个语音特征参数的分析提取和量化编码流程，然后采用谐波正弦编码器在谐波频率中心采样幅度和相位的方法、RMS 幅度估计对幅度和相位进行估计，利用 NLP 算法以及 MBE 后处理技术分析基音频率值，分带进行清、浊音区分，以及通过计算语音信号线性滤波后的余量信号来分析能量参数；④通过直接标量量化和多级矢量量话算法等技术，尽可能地提高对语音特征参数的量化性能。

第4章 卫星物联网数话同传系统的设计与实现

4.1 引　　言

随着 5G 商用时代的到来,我国正在积极推动卫星物联网与新一代移动通信、工业互联网以及人工智能等技术的加速融合。其中,基于北斗系统的应用推广与产业发展成果显著,目前,中国兵器工业集团已经成功演示了普通智能手机直接与距地面约 3.6 万千米高度的北斗卫星之间的通信,标志着我国的北斗卫星导航系统独有的短报文通信服务开始由传统的北斗专用终端迈入面向大众手机直接提供服务的新阶段。

根据国家发展北斗应用与产业化的战略方向,考虑北斗卫星导航系统的短报文通信进行新阶段的应用需求,开展基于北斗短报文完成语音通信的研究十分必要,使得下一步通过北斗卫星导航系统的短报文功能将能够完成语音和图像等内容的传输服务。本书在第 2 章和第 3 章中分别详细介绍了窄带语音压缩技术的基础、原理、方法,超低码率语音压缩算法的参数分析提取和量化方法等内容,为超低码率语音压缩算法的设计过程提供了技术指导。通过对窄带语音压缩技术的研究和超低码率语音压缩算法的设计与实现,解决了现有的高码率语音编码技术不能为北斗短报文等极窄带通信技术提供语音通信的问题,使得运用北斗短报文完成语音通信成为可能。

在此基础上,本章以北斗为例,结合北斗短报文等极窄带通信技术对实现语音通信的码率压缩要求,开展超低码率语音压缩算法的设计过程研究以及超低码率声码器的嵌入式设计,进而完成北斗短报文数话同传系统的设计。声码器的嵌入式工作基于 STM32F405 开发板以及 IAR Embedded Workbench 集成开发环境完成,为具有短报文文字通信功能的北斗手持终端增加了语音通信功能,发挥了北斗短报文的应用优势。最后是北斗短报文数话同传系统的语音编码质量评价,分别利用主客观评价方法对语音质量的清晰度和可懂度进行评价,以验证超低码率语音压缩算法及声码器的语音通信性能。

4.2 系统总体结构

现代应急通信方式开始逐渐向卫星通信和团队组网通信领域发展,以我国的北斗三号全球卫星导航系统为例,其独有的短报文双向功能能够提供数据通信方式,本书研究的超低码率语音压缩算法正是为了解决北斗短报文等极窄带通信技术下的语音通信问题。因此,超低码率声码器的设计要求也是基于此类窄带信道完成。

根据北斗短报文通信服务特点及应急通信领域的团队协助诉求,本书搭建的北斗短报文数话同传系统的总体结构如图 4-1 所示。

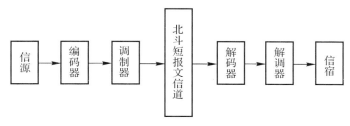

图 4-1　北斗短报文数话同传系统总体结构

在图 4-1 中,给出了整个北斗短报文数话同传系统的组成部分,主要包括信源、编解码器、调制解调器、北斗短报文信道和信宿等。

(1)信源:信息源,也称发送端,把各种待传输消息转换为原始电信号,在本系统中信源包括文字聊天信息、传感器信息、定位信息和图像等数据信息,以及语音信号等。

(2)信道:系统的信道为北斗短报文通信信道,对于北斗三号区域短报文服务能够提供单次 14 000 B 的通信能力。

(3)信宿:也称受信者或接收终端,将复原出的原始电信号转换成相应的消息。

本书对北斗短报文数话同传系统的设计主要是在北斗短报文能够传输文本信息、位置信息等数据信息的基础上,为系统增加语音通信功能,从而完成数话同传系统的设计。图 4-2 为基于北斗短报文的语音通信过程设计原理。

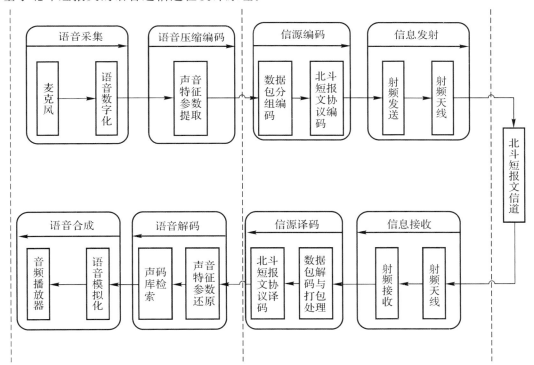

图 4-2　基于北斗短报文的语音通信过程设计原理

从图 4-2 中的语音通信过程设计原理可以看出,主要包括北斗通信模块和语音模块。在语音模块通过超低码率声码器完成语音压缩编解码,具有语音数字化功能、声音特征参数提取功能、声音特征参数还原功能、声码库检索功能以及语音模拟化功能等主要功能。北斗通信模块进行语音数据的传输,主要包括数据包分组编码功能、北斗短报文协议编码功能、射频发射功能、射频接收功能、数据包解码与打包处理以及北斗短报文协议译码功能等六个单元。

整个基于北斗短报文进行语音通信的工作流程如下。

(1)发送端。首先,通过麦克风采集外界模拟语音,然后利用声码器对模拟语音完成预处理、A/D 采样、语音数据压缩编码等过程,并将得到的语音特征参数信息根据北斗短报文协议编码与分组编码成数据流,最后通过北斗通信单元封包后,由北斗天线经北斗卫星发送出去。

(2)接收端。接收端接收到北斗卫星传输过来的数据后,经过信源译码单元进行协议解码与数据打包处理,然后将其送至语音模块对语音压缩码流进行解码译码,最后通过 D/A 转换后得到模拟语音信号再由音频播放器输出语音。

从以上两个通信信道的语音通信设计过程可以看出语音模块的数据压缩是实现正常语音通信的前提,如何在声码器中对语音数据进行压缩十分重要。本书的主要研究内容就是超低码率声码器的设计与应用,在前面的章节中已经详细介绍了超低码率语音压缩算法的原理与方法,接下来将介绍超低码率声码器的算法设计及嵌入式实现过程。

4.3　超低码率语音压缩算法设计过程

根据第 3 章介绍的超低码率语音压缩算法的原理与实现过程可知,在参数提取与量化过程中能够加以改进,从而实现语音码率的降低。本节超低码率语音压缩算法的设计正是对处理过程进行创新,提出了重新构建一个语音超帧,并对超帧结构内参数的提取、量化技术进行优化,以及比特的重新分配。整个新的数据帧设计思路,极大地降低了语音码率,并在保证合成语音质量可懂的前提下,将原始高码率语音信号压缩至本书研究的窄带技术所需的码率。

4.3.1　编码端设计

超低码率语音压缩算法以 40 ms 为一帧对输入语音信号进行分析和处理,提取谐波幅度参数、能量参数、基音频率参数以及子带 U/V 参数,然后对提取的语音特征参数进行量化编码,并将编码后的比特流打包传输到解码端,超低码率语音压缩算法的编码原理流程图如图 4-3 所示。

分析图 4-3,可将编码端的特征参数提取和量化过程分析归纳如下。

(1)首先对输入原始语音信息进行与处理,包括预加重、分帧和加窗等。

(2)采用 NLP 估计算法和 MBE 处理技术对基音进行估计,并采用对数量化标准进行基频的量化。

(3)通过提取的最佳基音频率值在频谱上对谐波振幅进行估计,对谐波幅度进行重采样,即将第 3 章中的式(3-2)计算得到的谐波数采样固定为 K 个样本,然后采用多级矢量量化算法对谐波幅值进行两级矢量量化编码。

（4）能量参数直接通过分析预处理后的语音信号的余量信号，并通过一维标量量化方法进行量化。

（5）最后，将各参数量化编码后数据打包发送到解码端。

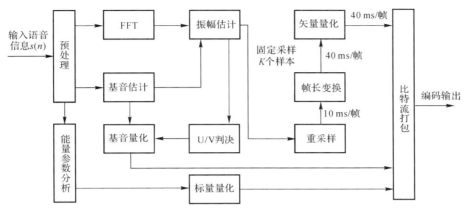

图 4 - 3　超低码率语音压缩算法的编码原理流程图

4.3.2　解码端设计

超低码率语音压缩算法的解码原理流程图如图 4 - 4 所示。

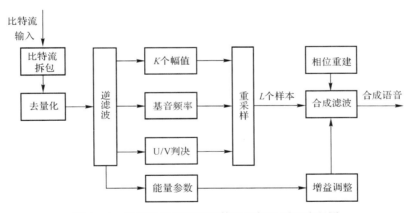

图 4 - 4　超低码率语音压缩算法的解码原理流程图

解码端完成译码过程，对接收到的二进制比特流进行解码处理后，对语音特征参数进行去量化操作和恢复。其中逆滤波是一个十分关键的步骤，它能够提高频谱的峰值，并降低反共振峰，从而能够极大地提高合成语音质量。然后，根据得到的语音特征参数信息对语音信号进行合成。

4.3.3　比特分配方案

常见的基于 SELP 算法模型的语音编码率为 2.4 kb/s，其过程是采用 8 kHz 采样率，每一次处理帧长为 20 ms,得到 160 个样本点,然后用 48 b 去量化编码得到的语音数据。图 4 – 5 为 2.4 kb/s SELP 算法每次处理 20 ms 语音帧的示意过程,其对应的 160 个样本点的信号波形如图 4 – 6 所示。

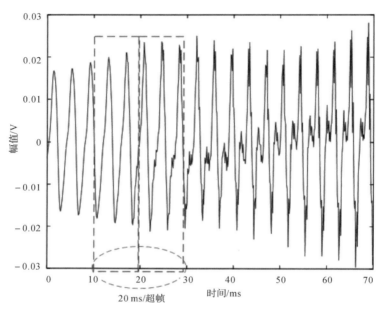

图 4 – 5 2.4 kb/s SELP 算法模型语音分帧处理过程

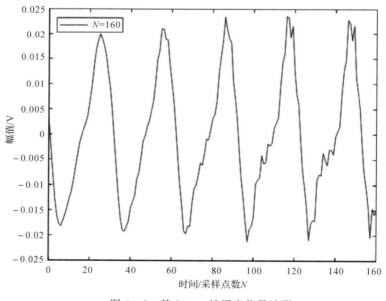

图 4 – 6 某 20 ms 帧语音信号波形

该 2.4 kb/s 码率使用更高的比特去量化编码 20 ms 内提取的语音特征参数信息,能够对原始语音进行很好的重建,语音质量很高,但是码率太高难以满足现有极窄信道下的应急语音通信需求。结合谐波正弦模型思想,为了进一步降低语音码率,先对语音处理过程进行了改进,将 4 个 10 ms 的语音帧联合成一个超帧,采样点数为 320,用 24 个比特编码。图 4-7 为本书的超低码率语音压缩算法处理 40 ms 超帧的示意过程,320 个样本点对应的波形如图 4-8 所示。

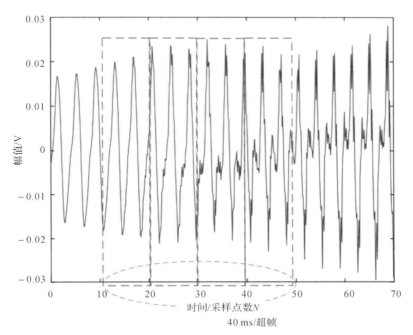

图 4-7　超低码率语音压缩算法语音分帧处理过程

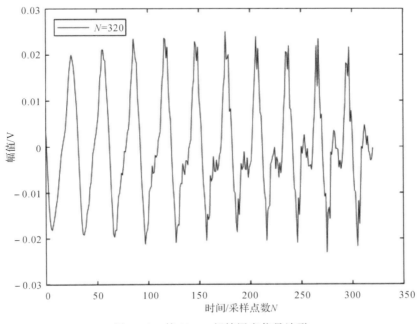

图 4-8　某 40 ms 超帧语音信号波形

根据所构建的 40 ms 超帧结构及其分段处理语音子帧的过程,本书在超帧内采用了部分参数共用的原则,只对超帧内某一子帧进行量化编码,既降低部分重要但变化率不高的参数在超帧中的占比,又利用较少的比特位就能够完成超帧内提取的重要语音特征参数的编码,例如:考虑到 4 个子帧间基频变化幅度较小的特点,在超帧共用一个基音频率,这样就极大地降低了语音信号的冗余度。根据数据帧结构设计的比特分配方案见表 4-1。

表 4-1 超低码率语音压缩算法比特分配

参数	子帧 1	子帧 2	子帧 3	子帧 4
谐波幅值	0	0	0	14
能量	0	0	0	4
基频	0	0	0	6
共计	0	0	0	24

由上述表 4-1 可知,将 40 ms 时长即 320 个数据点的语音特征参数信息编码为 24 位。为了对各个语音特征参数实现尽可能高效地量化和恢复,对语音参数中十分重要的谐波幅值分配 14 b,在两级矢量量化过程中每一级分配 7 b 进行量化编码。能量参数的量化编码分配 4 b,并通过将能量较高的语音段定义为浊音,能量较低的语音段定义为清音,代替清浊音判断。基音频率是本文算法中考虑的核心参数,因此分配 6 b,以尽可能地对其进行有效地量化和重建。

4.4　超低码率声码器嵌入式设计与实现

4.4.1　IAR 平台介绍

瑞典 IAR Systems 是一家国际领先的提供嵌入式系统开发工具和服务的公司,其产品和服务涉及了嵌入式系统的设计与开发,以及测试的每一个方面。IAR Embedded Workbench 是公司的嵌入式软件系列开发工具的总称,是专为不同架构的 8 位、16 位或 32 位单片机或者微处理器设计开发的一个集成开发环境,支持 ARM,AVR,MSP430 等芯片内核。如 32 位 Arm 内核 Cortex - M1,Cortex - M3 和 Cortex - M4 处理器等。同时,IAR Embedded Workbench 平台支持 C 和 C++的编译器,此编译器提供先进的全局和特定于目标的优化,并支持广泛的行业标准调试和图像格式,与大多数流行的调试器和仿真器兼容。

IAR Embedded Workbench for Arm 具有以下几个主要特点。

(1)高度优化的 IAR ARM C/C++ Compiler。

(2)IAR ARM Assembler。

(3)一个通用的 IAR XLINK Linker。

(4)IAR XAR 和 XLIB 建库程序和 IAR DLIB C/C++运行库。

(5)功能强大的编辑器。

(6)项目管理器。

4.4.2　WM8974 介绍

在本书研究的声码器中,采用 WM8974 对麦克风采集的原始语音进行预处理。WM8974 是一款低功耗、高质量的集成了 ADC 与 DAC 的单声道音频编解码器,本身不具有数据存储功能,主要应用在数码相机以及数字录音机等便携式设备中。它集成了一个支持差分或单端麦克风,包括扬声器或耳机以及单声道线路输出。

WM8974 工作在 2.5～3.6 V 的电源电压之下,采用非常小的 4 mm×4 mm QFN 封装,能够在最小的电路板面积内提供高水平的功能,并具有高热性能。具有以下特点。

(1)单声道编解码器

1)音频采样率:8 kHz,11.025 kHz,16 kHz,24 kHz,32 kHz,44.1 kHz,48 kHz 等。

2)DAC 的 SNR 为 98 dB,ADC 的 SNR 为 90 dB。

3)带有"无盖"连接的片上耳机/扬声器的驱动器。

4)其它单通道线路输出。

(2)麦克风前置放大器。

1)立体声差分或单声道麦克风接口:可编程的前置运放增益,带有共模抑制的伪差分输入,ADC 线路上可编程的电平自动控制/噪声门。

2)为驻极体麦克风提供低噪声偏置

(3)其他。

1)可编程的 ADC 高通滤波器/陷波滤波器。

2)片上 PLL。

WM8974 有数字音频通信接口和控制接口两个通信接口。音频通信接口包含 I2S 接口和 PCM 接口,主要是采用 I2S 音频协议接口,该接口支持 MSB 对齐、LSB 对齐和 I2S 标准模式。控制接口主要是利用控制器发送一些控制命令,从而能够配置 WM8974 运行状态,对于 STM32 单片机控制器,选择 I2C 总线接口作为微控制器和 I2C 串行总线之间的接口。

在本章声码器的嵌入式设计中,就利用 WM8974 完成语音数据采集以及通过 I2S 音频接口实现语音数据的输入输出,主要的工作过程如图 4-9 所示。编码时,通过麦克风采集到语音数据后,经过 WM8974 音频编解码器对语音信号进行 A/D、滤波等预处理,然后将得到的数据读入到 CPU/DMA 中,调用语音压缩算法进行压缩编码以及量化输出,解码过程与之相反。

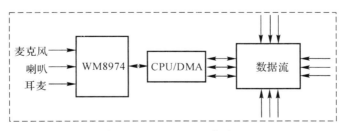

图 4-9　WM8974 工作流程

4.4.3　DMA 简介

直接存储器访问(Direct Memory Access，DMA)是一种可以无须 CPU 直接操作控制的传输方式,能够在外设和存储器以及存储器和存储器之间提供高速数据传输。STM32F4 的 DMA 最多包含 DAM1 和 DMA2 两个控制器,共有 16 个数据流,管理一个或者多个外设的存储器访问请求。每一个数据流总共可以有多达 8 个请求,如 TIM,ADC,SPI 和 I2C 等。

STM32F4 的 DMA 具有下述主要特性。

(1)双 AHB 主总线架构,一个用于存储器访问,一个用于外设访问。

(2)仅支持 32 位访问的 AHB 从编程接口。

(3)个 DMA 控制器有 8 个数据流,每个数据流有多达 8 个通道。

(4)DMA 数据流请求之间的优先级可用软件编程,有非常高、高、中、低四个级别。

(5)每个数据流都支持循环缓冲区管理。

(6)8 个数据流中的每一个都连接到专用硬件 DMA 通道。

DMA 控制器执行直接存储器传输:因为采用了 AHB 主总线,它可以控制 AHB 总线矩阵来启动 AHB 事务,可以执行外设到存储器的传输、存储器到外设的传输、存储器到存储器的传输三种事务。

对于每个 DMA 数据流,发生下列 5 个事件标志时,进行逻辑或运算,从而产生每个数据流的单个中断请求。

(1)达到半传输,即 DMA 半传输。

(2)DMA 传输完成。

(3)DMA 传输错误。

(4)FIFO 上溢、下溢或 FIFO 级别错误。

(5)直接模式错误。

本章针对 DMA1 的数据流进行通道的映射选择,表 4-2 为本章中使用的 DMA1 控制器的两个数据流共 16 个通道的请求映射。其中,标粗部分为本章使用的两个外设映射的对应数据流及其通道。

表 4-2　DMA1 部分请求映射

外设请求	数据流 0	数据流 5
通道 0	SPI3_RX	SPI3_TX
通道 1	I2C1_RX	I2C1_RX
通道 2	TIM4_CH1	I2S3_EXT_TX
通道 3	I2S3_EXT_RX	TIM2_CH1
通道 4	UART5_RX	UART2_RX
通道 5	UART8_TX	TIM3_CH2
通道 6	TIM5_CH3、TIM5_UP	X
通道 7	X	DAC1

以下介绍 DMA 设置相关的几个寄存器。

（1）DMA 数据流 X 配置寄存器（DMA_SxCR）（X＝0～7）。该寄存器用于配置相关数据流,控制着 DMA 的很多相关信息,包括数据宽度、外设及存储器的宽度、优先级、增量模式、传输方向、中断允许、使能等。因此,DMA_SxCR 是 DMA 传输的核心控制寄存器。

（2）DMA 数据流 X 的外设地址寄存器（DMA_SxPAR）。该寄存器用来存储 STM32F4 外设的地址。

（3）DMA 数据流 X 的存储器地址寄存器。因为 STM32F4 的 DMA 支持双缓冲模式,故存储器地址寄存器有两个:DMA_SxM0AR 和 DMA_SxM1AR,其中 DMA_SxM1AR 仅在双缓冲模式下才有效。在双缓冲模式下,每次 DMA 事务结束后,每一个 DMA 控制器都会从一个存储目标交换到另一个存储目标,保证数据的高效存储与传输。

为了提高处理数据的效率,本章超低码率声码器的设计选择 DMA 实现存储器与外设的数据交换,主要是实现外设 SPI3 的 DMA 发送以及 I2S3_EXT 的 DMA 接收,根据表 4-2 可知,分别选择数据流 5 的通道 0 和数据流 0 的通道 3,具体的初始化配置与实现将在 4.4.4 小节介绍。

4.4.4 嵌入式实现过程

超低码率声码器的嵌入式实现工作分为硬件设计、软件设计和下载验证三个部分。

（1）硬件设计。根据语音压缩以及语音通信需求,超低码率声码器选择 STM32F405RGT6 芯片作为 MCU,它集成了 FPU 和 DSP 指令,闪存高达 1 MB,SRAM 高达 192 KB,配置十分强大。超低码率声码器硬件如图 4-10 所示。

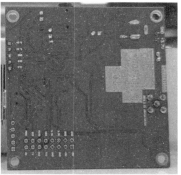

图 4-10　声码器硬件图

图 4-10 中,包含硬件资源有耳麦、麦克风、WM8974、SX1278、两个按键 KEY0 和 KEY1 以及指示灯 DS0 和 DS1 等。其中,麦克风实现语音数据的采集,耳麦播放合成语音,WM8974 进行语音的预处理,SX1278 实现语音数据的收发,通过按键 KEY1 来启动语音的发送,对应 DS1 开启闪烁指示。以上各个部分共同完成声码器的语音通信,其整个语音数据处理流向过程如图 4-11 所示。

在图 4-11 中,本书研究的核心语音压缩算法在 STM32F405 芯片中完成语音的压缩编解码过程。目前,语音数据的收发通过 SX1278 无线通信模块完成。

（2）软件设计。超低码率声码器的嵌入式软件平台为 IAR Embedded Workbench。在该平台上建立一个工程文件,包含配置 DSP 处理库、STM32F405 启动文件、STM32F4 标准外设固件库源码文件和对应的头文件以及包含语音压缩编解码的 User 文件。

1)DSP 处理库:在 STM32F405 微处理器对采集的音频信号实现高效精确的 FFT 操作。

2)STM32F405 启动文件:startup_stm32f4xx.s,主要进行堆栈之类的初始化,中断向量表和中断函数的定义,以及中断事件处理等工作。

3)STM32F4 标准外设固件库:STM32F4xx_StdPeriph_Driver,提供包含时钟、中断优先级、定时器的相关函数以及 GPIO、ADC、DAC、USART、SPI 等常用外设的源文件和头文件。

4)User 文件:包含语音信号压缩处理的各类文件。如:vocoder.c,nlp.c,sinc.c,quantise.c,codebook.c,1278.c,vocoder_profile.c 等,在 vocoder_profile.c 中实现声码器各模块的协同工作。

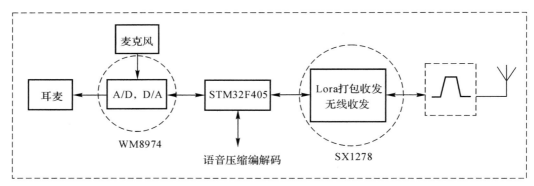

图 4-11　语音数据处理流向图

以下,将具体介绍相关函数的一些定义与实现。

1)首先是音频协议接口外设的初始化。

① I2S3 初始化函数(传入音频标准、数据格式以及采样率):

void I2S3_Mode_Config(const uint16_t _usStandard, const uint16_t _usWordLen, const uint32_t _usAudioFreq)

```
{
/* 配置 I2S 工作模式 */
    I2S_InitStructure.I2S_Mode = I2S_Mode_MasterTx;
    I2S_InitStructure.I2S_Standard = _usStandard;          /* 接口标准 */
    I2S_InitStructure.I2S_DataFormat = _usWordLen;          /* 数据格式 */
/* 主时钟模式 */
    I2S_InitStructure.I2S_MCLKOutput = I2S_MCLKOutput_Enable;
    I2S_InitStructure.I2S_AudioFreq = _usAudioFreq;          /* 音频采样频率 */
    I2S_InitStructure.I2S_CPOL = I2S_CPOL_Low;
    I2S_Init(SPI3, &I2S_InitStructure);
I2S_Cmd(SPI3, ENABLE);          /* 使能 SPI3/I2S3 外设 */
}
```

② I2S3ext 初始化函数(传入音频标准、数据格式以及采样率):

voidI2S3ext_Mode_Config(const uint16_t _usStandard, const uint16_t _usWordLen, const uint32_t _ usAudioFreq)

    {

    同 I2S3 外设配置。

    I2S_Cmd(I2S3ext, ENABLE);　　/* 使能 I2S3ext 外设 */

    }

    本书选用的是 I2S Phillips 标准,数据格式 16b,音频采样率为 8 kHz,实例代码如下:

/* 串行外设初始化配置 */

I2S3_Mode_Config(I2S_Standard_Phillips,I2S_DataFormat_16b,I2S_AudioFreq_8k);

I2S3ext_Mode_Config(I2S_Standard_Phillips,I2S_DataFormat_16b,I2S_AudioFreq_8k);

    2)然后是 DMA 发送与接收数据流的各种配置参数初始化。

    ① SPI3 的数据流与通道映射配置:

#defineWM8974_I2Sx_SPI SPI3

define I2Sx_TX_DMA_STREAMDMA1_Stream5

define I2Sx_TX_DMA_CHANNELDMA_Channel_0

void I2S3_TX_DMA_Init(const uint32_t * buffer0, const uint32_t * buffer1, const uint32_t num)

{

    /* 配置 DMA Stream */

    DMA_InitStructure.DMA_Channel = I2Sx_TX_DMA_CHANNEL;

    DMA_InitStructure.DMA_PeripheralBaseAddr=(uint32_t)&WM8974_I2Sx_ SPI ->DR;

    DMA_InitStructure.DMA_Memory0BaseAddr = (uint32_t)buffer0;

    DMA_InitStructure.DMA_DIR = DMA_DIR_MemoryToPeripheral;

    DMA_InitStructure.DMA_BufferSize = num;

    DMA_InitStructure.DMA_PeripheralInc = DMA_PeripheralInc_Disable;

    DMA_InitStructure.DMA_MemoryInc = DMA_MemoryInc_Enable;

    DMA_InitStructure.DMA_PeripheralDataSize = DMA_PeripheralDataSize_HalfWord;

    DMA_InitStructure.DMA_MemoryDataSize=DMA_MemoryDataSize_Half_Word;

    DMA_InitStructure.DMA_Mode = DMA_Mode_Circular;

    DMA_InitStructure.DMA_Priority = DMA_Priority_High;

    DMA_InitStructure.DMA_FIFOMode = DMA_FIFOMode_Disable;

    DMA_InitStructure.DMA_FIFOThreshold=DMA_FIFOThreshold_1Quarter_Full;

    DMA_InitStructure.DMA_MemoryBurst = DMA_MemoryBurst_Single;

    DMA_InitStructure.DMA_PeripheralBurst = DMA_PeripheralBurst_Single;

    DMA_Init(I2Sx_TX_DMA_STREAM, &DMA_InitStructure);

    /* 双缓冲模式配置、双缓冲模式开启 */

    DMA_DoubleBufferModeConfig(I2Sx_TX_DMA_STREAM,buffer1,DMA_Memory_1);

    DMA_DoubleBufferModeCmd(I2Sx_TX_DMA_STREAM, ENABLE);

    DMA_ITConfig(I2Sx_TX_DMA_STREAM, DMA_IT_TC, ENABLE);

    }

    ② I2S3ext 的数据流与通道映射配置:

define WM8974_I2Sx_ext I2S3ext

define I2Sxext_RX_DMA_STREAMDMA1_Stream0

```
#define I2Sxext_RX_DMA_CHANNELDMA_Channel_3
void I2Sxext_RX_DMA_Init(const uint32_t * buffer0, const uint32_t * buffer1, const uint32_t num)
{
    /* 配置 DMA Stream */,同 SPI3 的数据流配置
    /* 双缓冲模式配置、双缓冲模式开启 */
    DMA_DoubleBufferModeConfig(I2Sxext_RX_DMA_STREAM,buffer1,
    DMA_Memory_1);
    DMA_DoubleBufferModeCmd(I2Sxext_RX_DMA_STREAM, ENABLE);
}
```

③中断优先级配置:

根据 SPI3 的数据流及其对应通道映射配置过程可以看出,需要开启 DMA1 数据流 5 中断,因此需要配置 NVIC 中断优先级分组,初始化 NVIC,并使能中断。通过调用 NVIC_Init 来设置,实例代码如下:

```
#define I2Sx_TX_DMA_STREAM_IRQn DMA1_Stream5_IRQn
NVIC_InitStructure. NVIC_IRQChannel = I2Sx_TX_DMA_STREAM_IRQn;
NVIC_InitStructure. NVIC_IRQChannelPreemptionPriority = 1;
NVIC_InitStructure. NVIC_IRQChannelSubPriority = 1;
NVIC_InitStructure. NVIC_IRQChannelCmd = ENABLE;
NVIC_Init(&NVIC_InitStructure);
```

同时,还需要使能相应的中断。在语音数据处理过程中,要在传输数据结束的时候产生中断,因此要使能 DMA1 数据流传输完成中断,方法为:

```
/* 使能 DMA1 数据流 5 传输完成中断 */
DMA_ITConfig(I2Sx_TX_DMA_STREAM, DMA_IT_TC, ENABLE);
```

④配置数据流中断函数:

设 DMA1 使能 I2S3ext 接收的两个缓冲区为 buffer0 和 buffer1,使能 SPI3 发送的两个缓冲区为 buffer2 和 buffer3,长度为 DMA_BUFFER_LENGTH。语音编码时的两个缓冲区为 buffer_encode_0 和 buffer_encode_1,语音解码时的两个缓冲区为 buffer_decode_0 和 buffer_decode_1。当满足 DMA 半传输事件标志时,产生数据流的中断请求,从而交换缓冲区的数据,实现压缩编码后发送和解码后接收的过程。构建的数据流中断函数如下:

```
void DMA1_Stream5_IRQHandler(void)
{
    for (int i = 0; i < DMA_BUFFER_LENGTH / 2; i++)
    {
        buffer_encode_0[i] = buffer0[i];或者 buffer_encode_1[i] = buffer1[i];
        buffer2[i] = buffer_decode_0[i];或者 buffer3[i] = buffer_decode_1[i];
    }
}
```

3)整个语音数据处理流程与代码设计过程。

图 4-12 为软件设计中语音数据编码发送过程的代码流程。

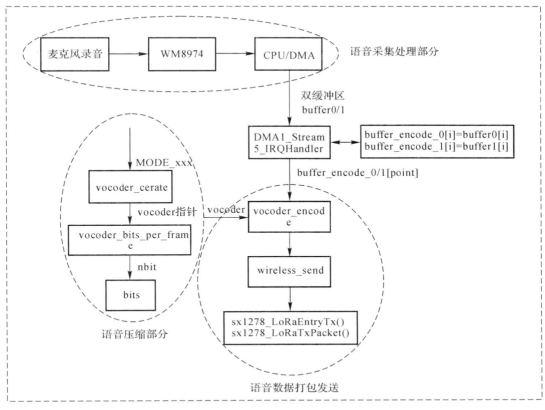

图 4 - 12　语音数据编码发送代码流程

分析图 4 - 12 可知,语音数据的编码发送流程描述见表 4 - 3。

表 4 - 3　语音数据编码发送流程

(1)通过麦克风录入语音数据,并传输到 WM8974 中进行 ADC 处理等操作。

(2)将经过 WM8974 处理后的语音数据传输存储到 DMA 的 buffer0、buffer1 双缓冲区内。

(3)进行数据流产生中断函数 DMA1_Stream5_IRQHandler(void)的判断。

1)满足申请中断条件 DMA_IT_TC,即传输完成中断,执行第(4)步,

2)否则返回继续执行第(2)步。

(4)将 DMA 的 buffer0、buffer1 缓冲区数据读取到语音压缩编码缓冲区内,如 buffer_encode_0[i] = buffer0[i]。

(5)调用编码函数 vocoder_encode 进行语音压缩编码,得到编码比特流。

(6)将语音数据比特流经 SX1278 无线模块进行打包发送。

其中,在编码发送流程中的第(5)步,以超低码率语音压缩算法实现过程的数据帧设计和比特分配方案为指导,首先在进行编码时以 40 ms 为一个超帧处理一次,即 320 个样本点,每一帧分配 24 b。然后根据设置的 DMA 缓冲区长度,以 4 个超帧为单位完成一次语音数据的发送。语音数据的编码部分代码如下:

```
for (int frame = 0; frame < FRAMES_PER_VOCODER; ++frame)
```

```
{
        vocoder_encode(vocoder，bits，&buffer_encode_0[point])；
        for (char i = 0；i < BYTES_PER_FRAME；i++)
        {
                wireless_send[i + wireless_send_pointer] = *(bits + i)；
        }
        wireless_send_pointer += BYTES_PER_FRAME；
        point += SAMPLES_PER_FRAME；
};
```

上述流程完成了语音数据的编码发送,语音数据的解码还原过程是其逆过程,代码设计流程如图 4 - 13 所示。

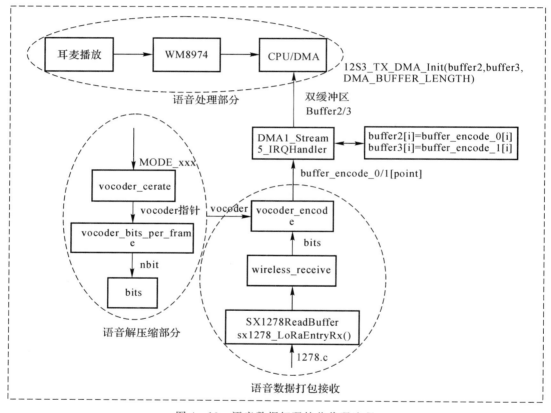

图 4 - 13　语音数据解码接收代码流程

最终,基于超低码率语音压缩算法在 IAR Embedded Workbench for Arm 平台完成了声码器硬件的软件设计。

(3)下载验证。在 IAR Embedded Workbench for Arm 软件平台中将代码编译成功后,通过 ST - LINK 下载器将代码下载到声码器硬件上,然后进行语音通信测试,下载测试过程如图 4 - 14 所示。声码器语音通信测试过程分为语音自环和对讲两个部分,结果得出两部分语音测试正常,合成语音具有较高可懂度,在 4.5 节中将具体对声码器的语音质量进行分析与评价。

图 4 - 14　声码器通信测试过程

4.5　卫星物联网数话同传系统通信语音质量评价

本章对超低码率语音压缩算法的性能测试以及超低码率声码器的性能评价实验从以下两方面展开。

（1）自录制及声码器语音质量主客观评价。首先在 Linux 操作系统中运用 Sox 工具录制语音样本，并通过终端命令对样本进行编解码处理，获取合成语音样本，然后在 MATLAB 平台中对其进行仿真分析，从时域与频域上评估合成语音质量。最后，利用主观 MOS 评分标准对 PC 端得到的合成语音样本以及声码器的输出语音进行主观评价，主要关注合成语音的清晰度和可懂度两个主要特性，主观评价实验均在相对安静的环境下进行。

（2）与主流 MELPe 语音模型的合成语音质量对比实验。与 MELPe 语音模型下 600 b/s 码率的合成语音效果进行对比时，采用的是开源的 2.4 kb/s SELP 算法模型使用的男性和女性原始语音标准样本，并获得了利用该语音样本通过 600 b/s MELPe 算法模型进行压缩编解码的合成语音样本。本次对比实验，即将该男性和女性原始语音标准样本作为超低码率语音压缩算法的输入，来获得压缩编解码后的合成语音样本，然后分别对两个算法模型的合成语音质量进行主观感受评价以及时域及频域的分析。

4.5.1　Sox 工具介绍

Sox 是一种命令行音频处理工具，适合进行快速、简单的编辑和批处理音频，它可以在 Windows、Linux、MacOS 等系统平台使用命令行程序，可以对各种格式的音频文件转换为需要的音频格式，也可以对音频文件进行音量调整、文件信息获取、文件拼接与合成、以及播放和录制等操作。

Sox 工具包中包含 sox、play、rec 和 soxi 4 个工具。play 命令用于音频文件的播放，rec 命令用来录制音频，soxi 命令用于分析音频文件的文件头信息，利用这些命令结合如音频格式选项可对音频文件进行相应地处理。常用的音频格式选项见表 4 - 4。

表 4-4 常用的音频格式选项

选 项	描 述
-b, --bits	每个编码样本占用的数据位数
-c, --channels	音频文件包含的通道数
-e, --encoding	音频文件的编码类型
-r, --rate	音频文件的采样率
-t, --type	音频文件的文件类型
-v, --volume	音频文件的音量调节因子

为了对超低码率语音压缩算法进行验证,首先在 Linux 环境下通过 sox 命令录制音频文件,设原始文件名为 input. raw,则录制一段 5 s 的语音样本操作如下:

(1)录制:

e. g. :rec -b 16 -r 8000 -c 1 input. raw trim 0 5:00

(2)格式转换:

e. g. :sox -r 8000 -e signed-integer -b 16 -c 1 input. raw output. wav

(3)播放:

e. g. :play output. wav

然后调用超低码率语音压缩算法对语音文件进行处理,得到音频输出文件。

4.5.2 自录制以及声码器输出语音质量主客观评价

(1)主观 MOS 得分。为了使测试样本更具有代表性,且考虑到男性与女性基音频率的差别,本次实验邀请了 10 名同学在相同安静的环境下对自录制的男性和女性合成语音样本效果以及声码器的语音通信质量进行 MOS 打分,PC 端自录制语音样本经过压缩编解码后的合成语音效果结果见表 4-5。

表 4-5 超低码率语音压缩算法合成语音 MOS 得分

样本	测试者编号									
	1	2	3	4	5	6	7	8	9	10
Test01. wav(2 s)	3	3	3	3	3	2	3	3	3	2
Test02. wav(5 s)	3	4	3	3	3	3	3	3	3	3
Test03. wav(2 s)	3	4	3	3	3	3	3	3	3	3
Test04. wav(5 s)	3	4	4	3	4	3	4	4	4	3

表中,Test01. wav 和 Test02. wav 为不同时长的经过压缩编解码后的男性语音测试样本,Test03. wav 和 Test04. wav 为不同时长的经过压缩编解码后的女性语音测试样本。

从表 4-5 中可以看出,对于男性语音测试样本而言,10 名测试者的打分基本不高于 3 分,其中 Test01. wav 语音测试样本得分为 2.8,Test02. wav 语音测试样本得分为 3.1 分。整体来说语音质量评价中等,合成语音中有部分清音听不清楚,有一定的延迟。对于女性语音测试样本而言,测试者整体打分都不低于 3 分,其中 Test03. wav 语音测试样本得分为 3.3, Test04. wav 语音测试样本得分为 3.6 分,语音质量效果较好,基本能听清楚。

　　整体来说,女性语音测试样本得分高于男性,时间较长的测试样本评分效果好于较短的测试样本。分析得出原因可能有如下两点。

　　1)女性的基音频率高于男性。根据 HSSM 思想可得,分析处理一个女性语音样本的超帧时,其谐波数量少,语音特征参数信息更集中,易分析提取。

　　2)语音样本时长的影响。由于测试环境不是理想环境,且人发声时声道特性的变化,使得不同时长的语音样本因内容不同使得音质具有差异,影响测试者的主观判断,时长较长的语音测试样本更能影响测试者的主观感受。

　　超低码率声码器的语音通信质量打分结果见表 4-6。

表 4-6　超低码率声码器输出语音 MOS 得分

样本	测试者编号									
	1	2	3	4	5	6	7	8	9	10
男性测试(5 s)	3	3	3	2	3	2	3	3	3	2
女性测试(5 s)	3	4	3	3	4	3	3	3	3	2

　　由表 4-6 可以计算得出,男性和女性利用声码器进行语音通信时,输出语音的清晰度有所欠缺,语音效果的 MOS 得分分别为 2.7 和 3.1。可见,无论是男性语音测试还是女性语音测试过程,其测试结果都差于在 PC 上对语音压缩编解码算法的验证结果,主要原因可能是声码器的设计存在问题,如存在影响因素:WM8974 的预处理以及 LoRa 无线模块的灵敏度和时延。

　　(2)客观评价。语音质量的客观评价主要利用 MATLAB 平台从时域波形、频谱和短时能量分布,以及时域和频域的分段信噪比计算、LLR 测度评估等方面展开,选择自录制的男性语音测试样本 Test02. wav(5 s)和女性语音测试样本 Test04. wav(5 s)进行分析。

　　1)时域波形、频谱和短时能量分析。图 4-15~图 4-18 分别为两个测试样本的时域波形、FFT 频谱以及短时能量分布结果图。

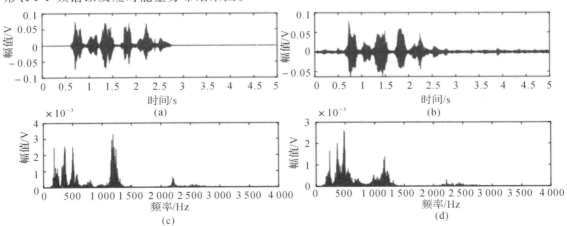

图 4-15　Test02. wav(5 s)压缩前后的时域波形及频谱图

(a)原始语音信号波形;　(b)合成语音信号波形;　(c)原始语音信号 FFT 频道;　(d)合成语言信号 FFT 频谱

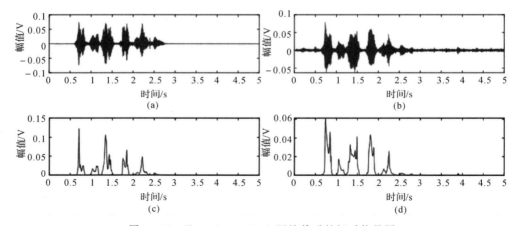

图 4-16 Test02.wav(5 s)压缩前后的短时能量图

（a)原始语音信号波形； （b)合成语音信号波形； （c)短时能量； （d)短时能量

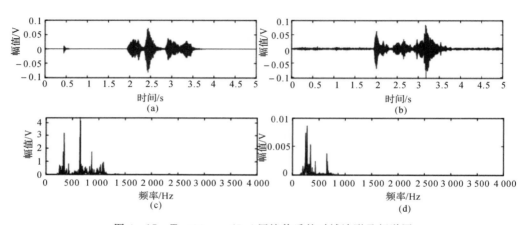

图 4-17 Test04.wav(5 s)压缩前后的时域波形及频谱图

（a)原始语音信号波形； （b)合成语音信号波形； （c)原始语音信号 FFT 频道； （d)合成语言信号 FFT 频谱

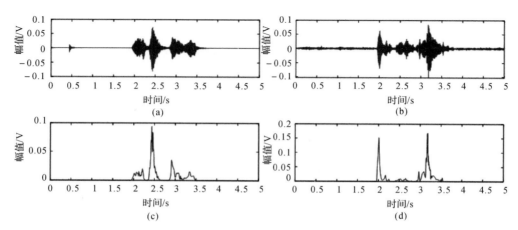

图 4-18 Test04.wav(5 s)压缩前后的短时能量图

（a)原始语音信号波形； （b)合成语音信号波形； （c)短时能量； （d)短时能量

由图 4-15 和图 4-16 中的男性语音测试样本分析结果可以看出,压缩前后的信号波形基本一致,可能由于利用能量参数代替清、浊音区分的原因导致整体上出现了毛刺,从短时能量分布图也可以看出原始语音和合成语音的各段能量分布趋势一致。从频谱分析可知在区间 [0,500]Hz 以及区间[1 000,1 500]Hz 内都出现了一致的峰值。整体看来,男性语音测试样本处理前后的指标基本吻合,在图 4-17 和图 4-18 的女性语音测试样本中也可以看出处理前后频谱上的尖峰和波谷趋势大体相同,能量分布区域基本相同,存在严重的毛刺可能是因为录音时 0~3 s 以及 3.5~5 s 内并没有说话,使得在处理的时候一部分能量发生了偏移。

2)各种测度方法结果。利用 MATLAB 平台计算得到原始语音和合成语音之间的一些失真测度方法的结果见表 4-7 所示。从表中可以得出,自录制的女性语音测试样本的时域 SNR 测度值和频域分段信噪比 $FwSNR_{seg}$ 值均高于男性语音测试样本的计算结果,其结果和时域波形、频谱及短时能量分布反映的趋势一致,从 LLR 值可以看出处理前后的语音测试样本拟合性很高,与前面主观 MOS 得分反映的结果具有很高的相关度。

表 4-7　失真测度结果表

测试音频	SNR/dB	$FwSNR_{seg}$/dB	对数似然比测度(LLR)
Test02.wav(5 s)	−2.359 5	3.094 6	0.549 3
Test04.wav(5 s)	−0.038 8	2.072 4	0.987 2

4.5.3　与 600 b/s MELPe 算法合成语音质量的对比

为了使得本书研究的低码率语音压缩算法的实验结果更具说服力,并进一步证明超低码率语音压缩算法的工程可实现性和应用性,本节开展了与现有主流的编码方式 MELPe 语音模型的合成语音质量效果进行主客观两方面的对比实验,其中语音质量的主观 MOS 得分结果见表 4-8 和表 4-9 所示。

表 4-8　男性-合成语音 MOS 得分

样本	测试者编号									
	1	2	3	4	5	6	7	8	9	10
Original−0.wav(3 s)	4	5	5	5	5	4	5	5	5	4
0−MELPe−600.wav	3	4	3	3	3	2	3	3	2	2
0−超低码率.wav	3	4	3	4	3	3	4	3	3	3

表 4-9　女性-合成语音 MOS 得分

样本	测试者编号									
	1	2	3	4	5	6	7	8	9	10
Original−1.wav(3 s)	5	5	5	5	5	4	5	5	5	4
1−MELPe−600.wav	4	2	3	3	3	3	3	3	3	3
1−超低码率.wav	4	4	3	4	4	3	4	4	3	3

从表 4-8 中可以看出,对于男性语音样本,超低码率语音压缩算法的合成语音质量 MOS 得分为 3.3,优于 600 b/s MELPe 算法模型的合成语音质量 MOS 得分 2.8。从表 4-9 中可以看出,对于女性语音样本,超低码率语音压缩算法的合成语音质量 MOS 得分为 3.6,优于 MELPe 算法模型的合成语音质量 MOS 得分 3.2。

总的来说,本书研究完成的超低码率语音压缩算法的合成语音效果优于 600 b/s MELPe 算法模型的合成语音效果,在压缩数据的基础上能够较大程度地保留原始语音信号的大部分特征信息。由于此次对比实验的样本在接近理想环境下获得,所以得到的整体评分结果优于自录制语音样本以及声码器的语音质量评价结果。

超低码率语音压缩算法与 600 b/s MELPe 算法的合成语音质量对比实验的客观评价包含时域波形、频谱和短时能量分布分析,以及运用一些时域和频域失真测度方法进行评估,分析结果如下。

(1)时域波形、频谱和短时能量分析。图 4-19 和图 4-20 分别为 600 b/s MELPe 算法处理男性语音样本的结果。图 4-21 和图 4-22 分别为超低码率语音压缩算法处理男性语音样本的结果。分析男性语音样本可以得出,MELPe 算法虽然对语音波形较大程度上还原,但在频谱上出现了许多干扰的峰值,从声音的播放也可以得出语音产生了失真,而超低码率语音压缩算法在时域上虽然对幅值产生一部分削减,但在低频处的能量分布优于 MELPe 算法结果,即很好地捕捉到了语音中的浊音关键信息。对于女性语音样本,从时域波形、频谱以及短时能量分布可以看出,本书的超低码率语音压缩算法处理的结果都好于 MELPe 算法处理结果,对原始语音各方面都实现了较大程度上的还原。

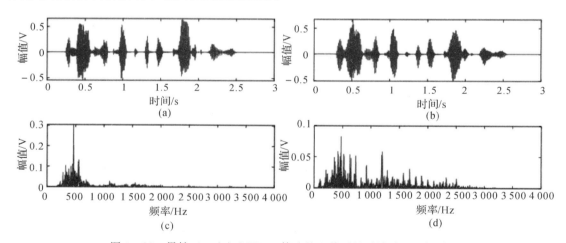

图 4-19 男性:600 b/s MELPe 算法处理前后的时域波形及频谱图

(a)原始语音信号波形; (b)合成语音信号波形; (c)原始语音信号 FFT 频道; (d)合成语言信号 FFT 频谱

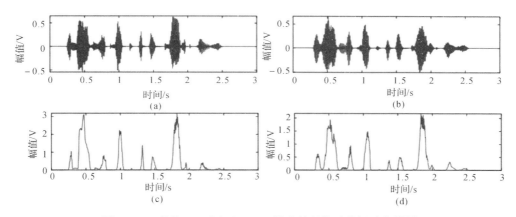

图 4 - 20　男性:600 b/s MELPe 算法处理前后的短时能量图

(a)原始语音信号波形；　(b)合成语音信号波形；　(c)短时能量；　(d)短时能量

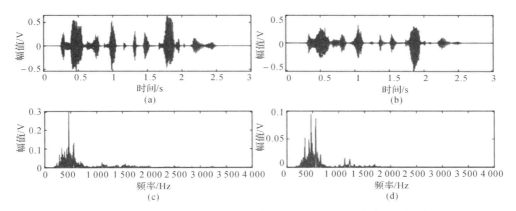

图 4 - 21　男性:超低码率语音压缩算法处理前后的时域波形及频谱图

(a)原始语音信号波形；　(b)合成语音信号波形；　(c)原始语音信号 FFT 频道；　(d)合成语言信号 FFT 频谱

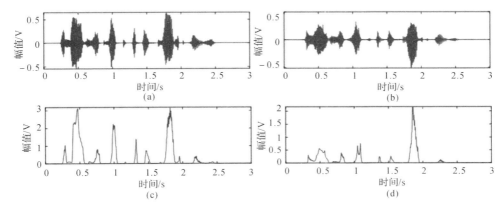

图 4 - 22　男性:超低码率语音压缩算法处理前后的短时能量图

(a)原始语音信号波形；　(b)合成语音信号波形；　(c)原始语音信号 FFT 频道；　(d)合成语言信号 FFT 频谱

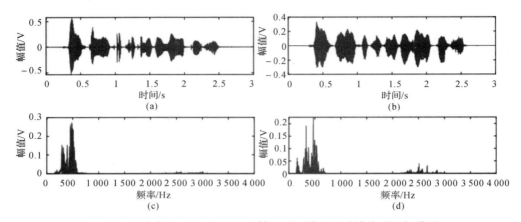

图 4-23 女性：600 b/s MELPe 算法处理前后的时域波形及频谱图

(a)原始语音信号波形； (b)合成语音信号波形； (c)原始语音信号 FFT 频道； (d)合成语言信号 FFT 频谱

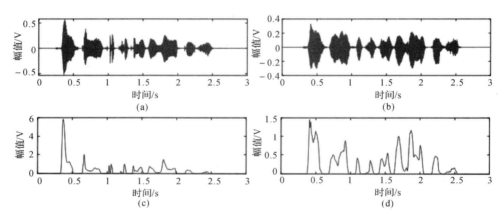

图 4-24 女性：600bps MELPe 算法处理前后的短时能量图

(a)原始语音信号波形； (b)合成语音信号波形； (c)短时能量； (d)短时能量

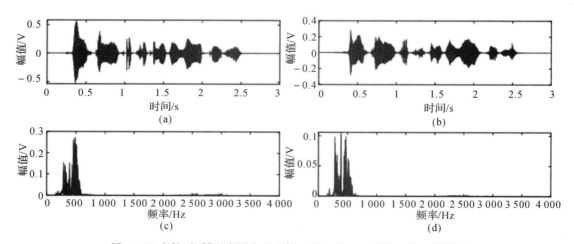

图 4-25 女性：超低码率语音压缩算法处理前后的时域波形及频谱图

(a)原始语音信号波形； (b)合成语音信号波形； (c)原始语音信号 FFT 频道； (d)合成语言信号 FFT 频谱

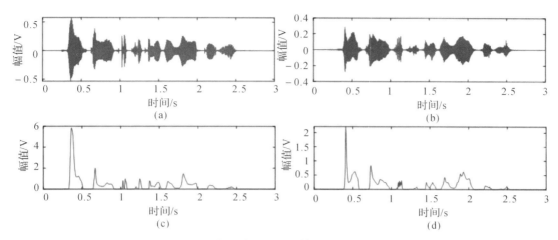

图 4 - 26　女性：超低码率语音压缩算法处理前后的短时能量图
(a)原始语音信号波形；　(b)合成语音信号波形；　(c)短时能量；　(d)短时能量

　　(2)失真测度结果。表 4 - 10，为两种算法下不同语音测试样本的时域 SNR 测度值与频域分段信噪比 $FwSNR_{seg}$ 计算值，以及对数似然比测度值结果。

表 4 - 10　失真测度结果对比表

测试音频	SNR/dB	$FwSNR_{seg}$/dB	对数似然比测度(LLR)
0 - MELPe - 600. wav	− 2.401 9	2.062 9	1.185 7
0 -超低码率. wav	− 1.197 3	2.295 4	1.227 7
1 - MELPe - 600. wav	− 2.425 4	1.538 6	1.146 5
1 -超低码率. wav	− 1.551 4	2.187 5	1.111 2

　　分析表 4 - 10 可知，在时域 SNR 和频域分段信噪比 $FwSNR_{seg}$ 上超低码率语音压缩算法处理过的男性和女性语音测试样本都获得了更大值，反映了本书算法的合成语音在时域波形和频谱上都具有很好的还原度。同时，各测试语音样本的 LLR 值差别较小，都在 1.1 左右，说明本书的超低码率语音压缩算法的合成语音信号处在可懂的范围内，满足应急通信对语音质量的要求。

4.6　本 章 小 结

　　为了解决卫星物联网极窄通信信道下难以实现正常语音通信需求的问题，在语音压缩算法中既需要对语音的冗余信息进行压缩又要尽可能地保留语音信号的本质特征参数信息，寻找一个最佳的折中，本章提出了一种基于正弦激励线性预测模型的超低码率语音压缩算法。在算法实现过程中，首先对于语音帧的实时处理过程进行了改进，构建了一个包含 4 个 10 ms 的超帧结构，以 320 个样本点分析提取一次语音特征参数。然后，对提取的语音主要特征参数设计一个比特分配方案。一方面，根据清、浊音帧的短时能量分布特点，不再进行分带清、浊音的区分,直接考虑能量参数,同时考虑语音信号的谐波特性,对基音频率分配更多的量化位。另一方面,根据语音信号的短时平稳性,认为语音在 40 ms 内是稳态、时不变的,因此在超帧内采用参数共用原则,实现了语音的冗余压缩。完成语音压缩算法设计后,为了扩展算法的工程应用,本章进一步运用 IAR Embedded Workbench 平台实现了超低声码器的嵌入式设计,并开展了语音算法和声码器的性能验证,以及与主流 MELPe 算法模型的合成语音质量的对比实验。实验从主观 MOS 评分和 MATLAB 仿真分析两方面进行,其中声码器的主观 MOS 得分分别为 2.7 和 3.1,在对比实验过程中,本书的超低码率语音压缩算法的 MOS 分值结果都优于 MELPe 算法模型,通过 MATLAB 仿真分析得出完成的超低码率语音压缩算法能够较大程度保留原始语音的关键信息,算法的性能满足应急通信领域对语音质量的要求。实验证明本书的超低码率语音压缩算法以及超低声码器能够实现较高的合成语音质量,语音的清晰度和可懂度满足应急通信需求,具有较高的研究价值与应用优势。

第5章 窄带语音压缩技术的
安卓移植及其试验

5.1 引　　言

为了满足用户需求:不外接其它硬件芯片、在现有的安卓平台上实现语音聊天功能,进而实现在团队协作 APP 内部集成语音编解码功能,这就需要将本书研究的 600 bps 超低码率语音压缩算法移植到安卓平台上,使用户在安卓终端上能够直接利用 LoRa、天通一号、北斗短报文等卫星物联网窄带传输信道完成语音聊天功能,进行丰富的态势感知信息分享。此方案不需要进行额外的硬件开发,满足了用户的便携式需求,克服了现有应急通信方式存在过度依赖通信基站、通信距离近、无法共享定位等问题。在上一章中,已经基于 IAR Embedded Workbench 平台对超低码率语音压缩算法进行了嵌入式设计,并研发了一款 600 bps 超低码率声码器芯片,利用 LoRa 传输方式验证了语音通信功能,语音质量满足应急通信要求。

另外,利用北斗短报文等卫星物联网窄带通信技术,在作者团队前期开发完成的团队协作 APP 基础上已经完成了团队成员间通信交流所需的文字聊天、地图定位、态势(Situational Awareness,SA)分享等基础功能。然而,由于类似微信这类通信方式的语音编码算法码率太高,导致语音通信功能难以在上述窄带无线信道下实现。因此,本章将在 Android 操作系统下把本书研究完成的超低码率语音压缩算法从上一章介绍的嵌入式平台移植到安卓移动智能终端 APP 上,以实现团队协作时所需的十分重要的语音聊天功能。

5.2 团队协作 APP 简介

团队协作 APP 是作者团队前期完成的一款支持团队成员内部完成丰富的信息交流与共享的软件,该 APP 具有地图定位、文字聊天、关注点标记、路线规划、区域划分、测向测距等基础功能,它的整个功能框架如图 5-1 所示。

在脱网环境下,前期已经在安卓移动智能终端中通过该 APP 完成了基于北斗短报文等窄带通信技术下的文字聊天、地图定位和成员态势分享,如成员周围是否有山间落石、道路坍塌等环境情况以及成员本身的状态信息等。接下来,将在 5.2.1 小节中对 APP 已有的部分团队协作所需功能做一个详细的介绍。

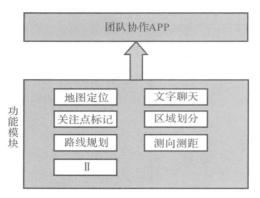

图 5-1　APP 功能框架

5.2.1　功能介绍

团队协作 APP 主要应用于应急通信情况下团队成员间信息的交流和共享,为团队内部通信协作保驾护航,其具有的功能介绍如下。

(1)全球概览。图 5-2 为全球概览图,也是进入 APP 后的初始页面,通过地球模型可以对全球的每一个位置进行大概的了解。

图 5-2　全球概览

(2)二维地图。如图 5-3 为 APP 的二维地图显示。以二维形式呈现,主要展现团队成员用户所处的地域区域、交通路线状况以及自身定位情况等。此外,它也可以显示基础地理信息,并覆盖地理参考点、注释等态势感知信息。同时,地图引擎是可扩展的,能够允许添加额外的地图数据源。

(3)三维地形。APP 加载地图的三维地形显示如图 5-4 所示,所呈现的画面更加直观、立体,能够对所处地形环境一目了然,包括山地、高原、河流等地形地貌信息。

(4)等高线生成。如图 5-5 为地图上的等高线生成示意图。通过等高线可以判断地形的海拔、地面的坡形等信息,在计算坡度、道路设计方面有很大实用价值。

(5)随时切换底图。随时间换底图可以进行地图底图的切换,如图 5-6 所示,以便多维度知悉所处位置信息。

图 5 - 3　二维地图

图 5 - 4　三维地形显示

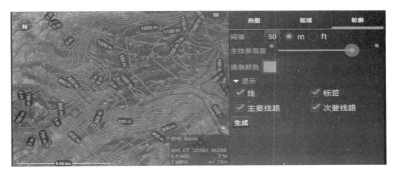

图 5 - 5　等高线生成

　　(6)关注点标记。关注点标记功能是在团队协作时对一些关键信息进行标注。在团队户外作业的过程中,可能会遇到不同的标志性物体,如民房,医院、学校等建筑,或者有山间落石、火灾、野生动物等危险情况报警以及成员自身状态的分享需求,以上情况都可以通过对应的标志工具在成员活动范围内进行标记,以传达出相应的重要信息,该功能对成员活动范围内存在的医疗站以及发生的火灾险情利用对应的标志进行了标记。

　　(7)测距测向。测距测向功能是对两个对象的相对位置关系进行判定。用户可利用方位和范围工具对地图中的团队活动区域内任何两个对象之间绘制一条持久的配对线,如果对象移动,连接线和相应的距离、方向测量值会随着其移动而自动更新变化。图5-8为三维地形中的两个对象间的测向测距示意图。

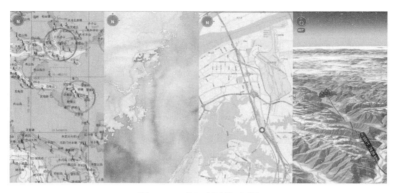

图5-6 随时切换底图

图5-7 关注点标记

图5-8 测距测向

(8)高程分析。高程指的是地图上某点沿铅垂线方向到绝对基面的距离,图5-9为不同用户之间的高程分析示意图。

(9)路线规划。路线规划功能除了能够在地图上允许用户创建标准路线之外,还可以对路线进行规划与分析,基本上是几个有序的点所连线构成,并允许用户指定路线的标准,如用户可以指示路线是否被设计用于步行或驾驶,使得团队用户能够更深入地了解路线的某些信息,例如路线上某几个点之间的位置、方向以及距离信息等。图 5-10 为规划出的一条撤退路线,包含了成员的集结点和具体撤退路线的方向。

图 5-9　高程分析

图 5-10　路线规划

(10)区域和手绘箭头。团队协作时可以利用绘图工具在地图上进行区域的划分与标定,以划定危险区域或者指示团队能够活动的区域范围等,从而保障团队的安全活动及正常的作业任务。绘图工具能够允许用户通过绘制地理参考圆、矩形和任意多边形来进行区域的划分,并且还能够显示划定区域的一些关键信息,比如:圆形区域的半径、矩形区域的边长等。图 5-11 为几块任意划定的区域及绘制的箭头。

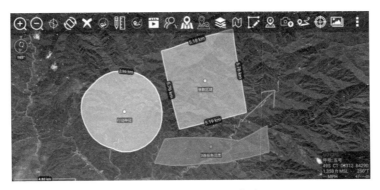

图 5-11　区域和手绘箭头

(11)电子围栏进出警报。图 5-12 为电子围栏进出警报显示。通过构建一个虚拟围栏，对所划定的区域或者标记点等信息显示进入或者退出操作通知。

(12)地图探头实时监控。地图探头实时监控能够在地图上开启对某个位置的实现监控操作，如图 5-13 所示。

(13)无人机视频推送到每个终端。图 5-14 为将无人机视频推送到每个终端的操作过程。使用此 APP 的不同用户连接在同一个服务器上时，能够获取到该服务器下所运作的无人机实时捕捉的视频信息。

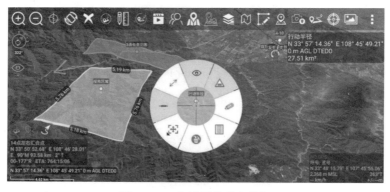

图 5-12　电子围栏进出警报

图 5-13　地图探头实时监控

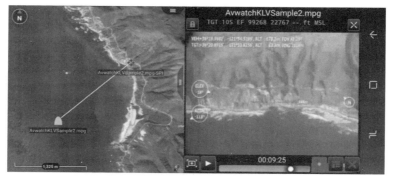

图 5-14　无人机视频推送到每个终端

　　(14)团队定位＋文字聊天。团队协作 APP 不仅能够完成每一个团队成员的定位，还能够在群组内或者指定某团队成员进行文本聊天操作，如图 5－15 所示。由图 5－15 中可以看出，点击联系人列表中存在的成员用户、组或着团队，都将出现一个允许用户通过文字进行通信的窗口。在无通信基站信号覆盖环境下，团队成员可以利用团队协作 APP，通过北斗短报文实现团队成员内部的文字通信。

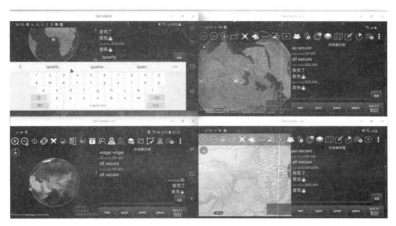

图 5－15　团队定位＋文字聊天

　　(15)轨迹跟踪＋回放。图 5－16 为基于 APP 对某个标定的点或者位置实现轨迹跟踪和回放的过程，显示了团队成员间的一个运作态势，通过回放能够对其进行分析，以便于监控和指挥团队协作。

图 5－16　轨迹跟踪＋回放

　　(16)警戒区域报警。APP 具有警戒区域报警功能，即团队成员可通过具体的标记为其他成员提示活动范围内一些特殊的关注信息，如图 5－17 所示。

　　(17)地形遮挡导致的视距范围分析。因为地形遮挡，APP 可以对使用者的视距范围进行分析，如图 5－18 所示。

　　(18)发送伤员后送简报。图 5－19 为 APP 的伤员后送简报的发送功能。团队协作时，发现某一伤员后，可以对伤员的编队信息、伤势情况、所处的地理位置、周围的状态信息以简报的形式发送给团队其他成员或者指挥中心。

图 5-17　警戒区域报警

图 5-18　地形遮挡导致的视距范围分析

图 5-19　发送伤员后送简报

　　（19）与队友共享自己位置。团队协作 APP 还可以提供位置的共享功能，如图 5-20 所示，同一个团队的成员都可以与队友共享自己的位置信息，方便彼此之间了解活动态势。

　　（20）与队友共享地理范围标注。团队成员间还可以共享各自划定的区域范围，如图5-21所示。

　　（21）与队友共享路线规划。团队成员间可以共享两点之间的路线规划，工作方式类似于团队成员之间的文字聊天功能，如图 5-22 所示。

图 5 - 20　与队友共享自己位置

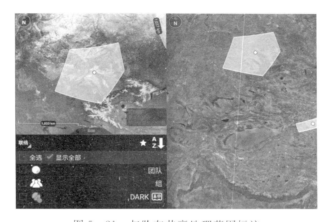

图 5 - 21　与队友共享地理范围标注

图 5 - 22　与队友共享路线规划

（22）与队友共享态势报告。团队成员间可以共享各自的态势报告，如图 5 - 23 所示。

（23）侦查位置自动报告＋实时视频直播。图 5 - 24 为团队协作 APP 的侦查位置自动报告与实时视频直播功能，团队各成员可以通过视频功能实时直播自己所处的状态信息。

（24）电磁态势表征与预测。图 5 - 25 为 APP 的电磁态势表征与预测功能。基于三维地图显示，可以对某一区域范围的电磁场数据信息进行分析，以划定电磁空间。

图 5-23 与队友共享态势报告

图 5-24 侦查位置自动报告＋实时视频直播

图 5-25 电磁态势表征与预测

(25)地图缩放与旋转。基于所加载的地图,可以对其进行缩放和不同角度的旋转操作,方便团队成员更详细了解具体的地理位置信息,如图 5-26 所示。

图 5-26　地图缩放与旋转

5.2.2　语音 APP 插件的可行性分析

团队协作 APP 的核心是地图应用程序,根据应急通信环境下团队协作任务的诉求以及户外作业用户人群的需求,已经开发了 5.2.1 小节中所介绍的功能与操作。同时,考虑到用户不断增长的需求,为了满足用户或者开发人员开发扩展额外的自定义功能,在前期开发时,笔者团队采用了带有应用程序编程接口(Application Programming Interface,API)的插件架构,该架构有助于开发能够与底层核心应用程序交互的插件,能够满足以下开发目标。

(1)一旦用户开发了插件,即编写了符合团队协作 APP 插件 API 的软件组件,就可以对插件进行存储,使其对用户可用,并能够将其加载到应用程序中。

(2)核心的团队协作 APP 应用程序能够发现所开发的插件并动态加载它们,从而实现插件与核心应用程序的交互。

(3)插件可以使用核心应用程序或其他插件的功能,并且与其他插件具有兼容性,不会同时加载具有冲突功能的插件。

(4)构建的团队协作 APP 插件架构支持跨平台兼容的插件,具有一种用于选择加载哪些插件以及如何在每个应用程序中配置它们的管理方案。

(5)插件可以由本团队核心成员之外的第三方人员开发,同时这个架构能够将每个插件归属于对应的开发人员并识别受信任的插件来源。

因此,可以利用本书研究的超低语音压缩算法在 Android 操作系统下开发一款超低码率语音通信应用程序,并作为已完成开发的团队协作 APP 的一个插件来实现语音聊天功能。插件能够具有以下 4 种主要特性。

(1)与地图实现交互。首先,插件允许在地图上绘制或覆盖对象。其次,当用户触摸地图或者进行一些其他事件时,插件能够在地图上接收到事件的通知。

(2)与工具交互。能够与核心应用程序的组件交互,如工具栏、菜单、设置等。

(3)指定用户界面元素。插件能够指定核心应用程序中显示的 GUI,即以与核心应用程序相同的方式描述 GUI 这些组件。

(4)访问网络接口、进行数据存储、使用 Android 具有的各种传感器。支持插件读写地图数据、地理空间注释等文件类型,同时,插件还可以查询团队协作 APP 当前对设备位置的感知。

综上,低码率语音聊天功能插件具有可实现性。完成语音聊天插件后,应急救援以及户外团队作业用户就能够利用团队协作 APP 基于北斗短报文在完成地图定位以及 SA 信息分享的同时,还能够进行实时的语音对讲操作,极大地提高了信息的交流传递效率,对于在恶劣环境下的团队救援以及户外作业领域具有很高的应用价值。

5.3　超低码率语音算法的安卓移植

本节主要介绍低码率语音压缩编解码算法,从第 4 章的嵌入式平台移植到 Android 软件程序上。由于 Android SDK 提供了音频采集、音频播放和音频编解码等相关的 API,所以可以调用低码率语音压缩算法对 Android 端采集的音频数据进行压缩编解码处理,从而降低语音码率。目前,Android Studio 是开发人员选择较多的开发 Android 应用程序的 IDE,本次超低码率语音压缩编解码算法的移植工作在 Android Studio 集成开发工具上完成,并将超低码率语音聊天 APP 命名为"北斗语音对讲机"。

北斗语音对讲机 APP 的主要代码框架如图 5 - 27 所示,主要包括 app 目录、gradle 脚本和 lib - vocoder - android 三部分。

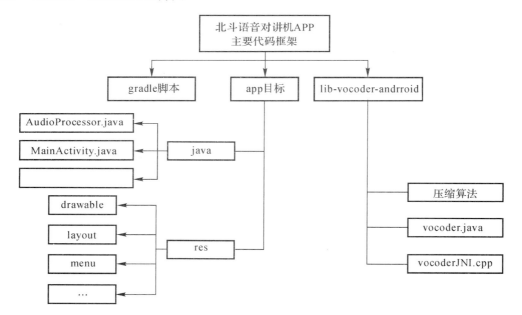

图 5 - 27　APP 主要代码框架

当在 Android Studio 里创建一款应用时,首先会将整个项目主要分为 app 目录和 gradle 脚本两个部分。其中 app 主要是组成应用的代码文件和资源,主要包括 java、res 子目录和 AndroidManifest. xml 文件。java 目录是存放创建与应用相关的所有 java 文件;res 子目录主要是控制应用的布局、多媒体和常量等问题,通过 drawable、layout、menu 和 values 等子目录将应用的资源进行分离和排序。然后,将本书研究的低码率语音压缩算法项目进行封装,命名为 lib－vocoder－android,使其作为 Android 开发项目"北斗语音对讲机"APP 的调用模块,需要进行以下两步操作。

（1）在 settings. gradle 文件中使用 include 语句表达项目之间的依赖关系,代码为

include ':lib－vocoder－android', ':app';

rootProject. name = "app";

（2）在 app 目录的 build. gradle 文件进行设置,将 lib－vocoder－android 声明为北斗语音对讲机 APP 项目的依赖模块,代码为

implementation project(":lib－vocoder－android");

通过以上分析图 5 - 27 的 APP 代码框架可知,下一步最重要的工作是实现 Java 与语音压缩算法的底层 C 代码之间的交互。在 Android 开发项目中,通过 Java 本地接口（Java Native Interface,JNI）可以实现代码在不同平台上的移植,它允许 Java 代码与其他语言编写的代码进行交互。

因此,对 lib - vocoder - android 项目模块的调用将通过 JNI 实现,主要分为以下三个步骤。

（1）在 lib - vocoder - android 中创建 Vocoder. java 文件,实现一个调用本地 C 代码方法的类。

如:public class Vocoder ｛ ... ｝。

在 Vocoder 类中首先需要加载"vocoder"和"VocoderJNI"库:

```
static {
        System. loadLibrary("vocoder");
        System. loadLibrary("VocoderJNI");
    }
```

然后,利用 native 关键词创建本地成员方法,如实现语音压缩的编码和解码:

编码:public native static long encode(long con, short[] inputbuf, char[] bits);

解码:public native static long decode(long con, short[] outputbuf, byte[] bits);

（2）在 lib－vocoder－android 中创建 VocoderJNI. cpp 文件,编写 Vocoder. java 文件中的声明所对应的本地实现方法。部分代码如下:

```
static jlong encode(JNIEnv * env, jclass clazz, jlong n,
                    jshortArray inputBuffer,
                    jcharArray outputBits) {
                部分代码省略
            vocoder_encode(con－>c2, con－>bits, con－>buf);
                部分代码省略
        return 0;
    }
static jlong decode(JNIEnv * env, jclass clazz, jlong n,
                    jshortArray outBuffer,
                    jbyteArray inBuffer) {
                部分代码省略
            vocoder_decode(con－>c2, con－>buf, con－>bits);
                部分代码省略
```

```
    return 0;
}
```

其中,vocoder_encode( )和 vocoder_decode( )分别为语音压缩算法中的编码和解码函数。这样就能够在 VocoderJNI.cpp 文件中调用 vocoder 语音压缩算法对 Android 端录制和预处理后的语音数据进行压缩编解码。

（3）在 app 目录的 AudioProcessor.java 文件中通过 Vocoder.java 中的类实现对语音压缩算法的调用。在 Android 系统中,采集音频的 API 通常为 AudioRecord 或者 MediaRecord,本章研究的"北斗语音对讲机"APP 利用 AudioRecord 采集语音,然后对采集到缓冲区的语音数据进行压缩处理,实现低码率的语音聊天功能,部分代码如下。

1）导入 Vocoder.java：

import xxx.Vocoder；（xxx:表示 Vocoder.java 所在目录的路径）

2）调用编解码函数：

Vocoder.encode(vocoderCon, recordAudioBuffer, recordAudioEncodedBuffer);

Vocoder.decode(vocoderCon, outputDecodedAudioBuffer, receiveBuffer);

综上,就完成了整个语音 APP 在 Android 系统端的音频采集和语音压缩过程,并可以通过自环实现低码率的语音聊天。

接下来,将"北斗语音对讲机"作为团队协作 APP 的一个插件,并根据插件与 APP 核心应用程序的交互性对插件进一步修改,在进行语音聊天时定时捕捉地图定位数据后,与语音压缩数据同时打包发送,实现发送语音的同时每隔一定时间更新定位信息。图 5-28 为团队协作 APP 的数话同传功能展示。

图 5-28　卫星物联网数话同传功能展示

5.4　卫星物联网数话同传系统实验

在 5.3 节中,将超低码率语音压缩算法移植到 Android 终端,完成了"北斗语音对讲机"APP 的开发,并将其作为团队协作 APP 的一个插件增加了聊天功能。接下来,考虑团队协作 APP 的应用领域范围和目前北斗三号短报文通信功能的芯片仍未面向民用市场的因素,将以 LoRa 和天通卫星物联网模拟及验证基于北斗短报文通信技术的语音和数据同时传输的实验。

（1）LoRa 通信实验。图 5-29 为基于 LoRa 的数话同传实验，其中，LoRa 通信模块的数据通信速率为 900 比特/秒，可以看出传输态势报告信息、文字聊天信息正常，并且能够进行正常通信时长的语音聊天功能。

（2）天通一号卫星通信实验。图 5-30 为团队协作 APP 基于天通卫星物联网完成数话同传的实验过程。其中，天通卫星物联网的单次通信能力为上行 42 字节，下行 16 字节，可级联，保障通信下服务频度为 1 秒/次。整个过程完成了地图上成员定位，建筑物、落石、救援信息等关注点标记，活动区域或者危险区域划分，救援路线规划，团队成员间文字聊天、语音聊天等团队协作态势信息的共享，能够满足应急救援和户外作业等领域的团队通信需求。

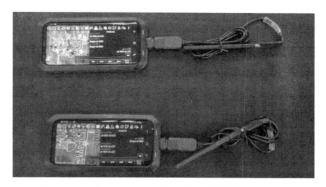

图 5-29　基于 LoRa 无线电的数话同传实验过程

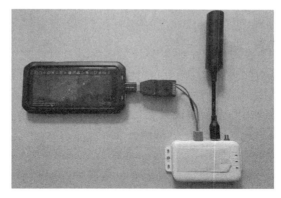

图 5-30　基于天通卫星物联网的数话同传实验过程

5.5　本　章　小　结

如何将本书研究的语音压缩算法从第 4 章的嵌入式平台移植到 Android 操作系统上，使得笔者团队前期完成的团队协作 APP 具有语音聊天功能，从而实现在团队定位的同时，能够通过语音通信的方式更方便迅速地完成团队内部态势信息的分享是本章研究的主要内容。本章首先系统介绍了团队协作 APP 已具有的一些团队交流所需要的文字聊天、地图定位等基础功能。为了进一步提高团队协作过程中的通信能力和解决现有高码率难以为 APP 实现语音聊天功能的痛点,对团队协作 APP 进行了分析,得出了可以进行插件开发的可行性结果。然后,对语音聊天插件进行设计,即将语音压缩算法移植到 Android 平台上,移植过程中通过 JNI 来实现 Java 和底层 C 代码之间的交互,完成了"北斗语音对讲机"

APP 主项目中的音频处理过程对底层语音压缩代码的调用,实现了语音数据的压缩和超低码率语音对讲。最后,基于北斗短报文的语音和数据同传实验表明了语音压缩算法移植的可行性,为团队协作 APP 在应急管理、天通等卫星物联网、军警行动、边境巡查、抢险救灾、户外旅游探险、海事作业、跟踪搜救等各行各业的应用增加了新的优势。

第6章　卫星物联网数话同传系统的行业应用

　　北斗、天通等卫星物联网是我国国家战略重点项目，拥有大量的政策扶持和科技支撑，例如，北斗卫星导航系统自提供服务以来，已在交通运输、农林渔业、水文监测、气象测报、通信授时、电力调度、救灾减灾及公共安全等领域得到广泛应用，服务于国家重要基础设施的建设与发展，产生了显著的经济效益和社会效益。目前，北斗卫星同时具备定位导航授时、星基增强、地基增强、精密单点定位、短报文通信和国际搜救等多种服务能力，而作为北斗所独有的短报文功能服务在军事应用、应急管理、海洋作业、边防海防及公安应急通信指挥等多领域也得了广泛的应用，带动了由北斗基础产品、应用终端、应用系统和运营服务构成的产业链的发展，为应急救援和户外作业等领域人群带来了新的强有力的通信手段。

　　本书完成的卫星物联网数话同传系统正是为了解决像北斗短报文这类窄带通信应用短板而设计，利用窄带语音压缩技术实现了基于卫星物联网极窄带通信技术完成语音通信的需求，使得即使通过短报文也能够同时传输文字聊天、传感器信息、定位信息等数据信息和语音信息，降低了卫星物联网的使用门槛，不仅方便了军队使用也能够服务于广大的民用领域，非常有利于推动卫星物联网在民用市场的蓬勃发展。

　　目前，作者团队已经将具有北斗三号短报文功能的手持机和盒子研制成功，通过内置的态势感知与指控软件，可进行保密免费语音聊天，通信示意过程如图 6-1 和图 6-2 所示。

图 6-1　基于智能手机通过北斗三号短报文进行语音和文字聊天

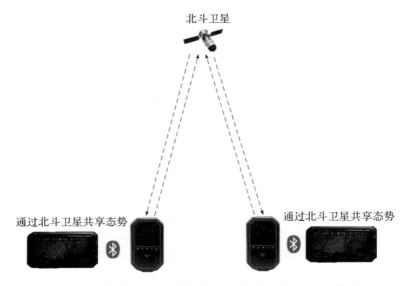

图 6-2　智能手机通过蓝牙与北斗盒子链接，进行全球态势共享

6.1　应　用　场　景

6.1.1　军事应用

军事作战、军事指挥等军警作业对于应急通信设备保密性要求很高，北斗卫星导航系统为我国自主研发，独具短报文通信功能，具有良好的保密性，但是需要手动输入短报文内容，军事作业一般需要使用多种设备，手动输入短报文往往会造成士兵、警员使用困难。

北斗短报文数话同传系统解决了使用北斗短报文难以完成语音通信的问题，能够同时进行文本信息、定位信息等数据信息以及语音的传输，监控团队作业时内部各成员的态势信息。其使用方法类似于对讲机，不仅具有北斗短报文保密性强的特点，还具有使用方便的语音通功能，非常适合用于军队、警察等特种行业。比如：①联合作战演习时，空中小组与地面快反小组维持地空态势感知与移动通信。②山地训练或者演习时，通过后台服务器远程监控、指挥作战小组，作战小组成员内部信息共享、语音通信等。③侦察任务过程中，在机载平台上，通过搭载电子侦察设备实现北斗用户机与地面中心站的双向数据通信。

在军事上，有以下两项团队协作平台应用。

（1）战场态势一张图。战场态势一张图是确保各级指挥员对战场态势理解认知一致性的基础，是基于网络信息体系的联合作战中支撑指挥员把握全局、破网断链、体系对抗及联合制胜的手段，是实现联合情报精准保障的重要保证。战场态势一张图不是字面意义上的只有一张态势图，所有人看到的都是同一幅图，而是指基于相同态势，针对不同用户从不同角度和层级去提供态势信息展示，即根据需要，使所有指挥和作战单元都能够实时和精确地"看"到整个战场的"同一幅画面"。整个过程如图 6-3 所示。

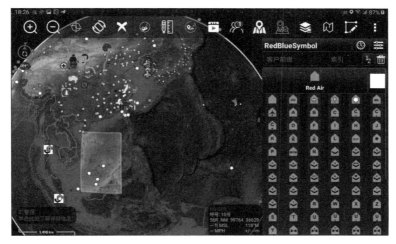

图 6-3　战场态势一张图

战场态势图是战场态势元素的有机组合,是在将多源态势信息进行时间同步和空间配准,并有序整合成唯一且无歧义态势的基础上,以一定的多维组织管理方式,确保态势信息在描述、存储、更新、查询和分发等过程中的一致性。战场态势图中较为常见问题包括信息不全、信息过载、上下一般粗和有态无势等。

战场态势一张图的本质是体系态势。首先,战场态势一张图对多源信息进行融合和分析处理,形成要素齐全且内容丰富的综合态势信息;然后,基于统一的体系态势数据和综合展示框架,聚焦不同指挥层级以及不同作战任务的差异化需求,提供相应的一致性态势服务产品,实现对战场态势全面和精准掌控。

一张图的概念有利于在多军种联合作战背景下保持对态势的一致性理解。美军于 1997年提出共用作战图(Common Operational Picture,COP)概念,旨在让所有人看到同样的战场视图。2003 年美军修订了 COP 概念,改为用户定义的作战图(User Commen Operational Picture,UCOP)。美军认为态势运用不是被动地坐等信息分发得到的相同态势画面,而是根据作战要求主动提取态势信息,生成与任务相关的态势图,将态势运用理念从"让所有人看到相同的画面"调整为"可以讨论和组合不同视角观点的协作环境"。

战场态势一致性是战场态势一张图核心要求,具体包括以下 5 方面。

1)态势信息描述一致性。来自不同信息源的态势信息在其描述过程中应保持一致,避免可能引起的不一致描述。

2)态势信息存储一致性。在对海量态势信息进行组织存储过程中,应将存储设备的硬件、系统、环境和偶然人为等态势信息存储误差控制在允许范围内。

3)态势信息更新一致性。态势信息更新过程中,由于时间、更新机制、同步方式等因素可能会导致态势信息的更新误差。

4)态势信息查询一致性。避免由于时空差异、查询平台误差、查询机制、态势信息更新机制等因素可能导致的不同用户查询的态势信息不一致。

5)态势信息分发一致性。避免因分发模式设计、分发方案实现误差、分发态势更新机制等因素的影响而导致态势信息分发不致性。

（2）构建统一态势感知系统。系统设计来源于近年来世界军事强国正在践行的"网络中心战"中的核心思想——"统一行动视图"。构建了基于群体人工智能算法的分布式协同模型,建立了由无数智能个体组成的统一态势感知系统。

每个智能个体分布式并行方式执行边缘计算;各个智能节点之间通过信息共享、协同决策完成任务,实现对瞬息万变的态势进行统一感知,个体之间信息完美实时同步。真正做到了"只要我看见,你们就都能看见"的团队联合作战,而不是单打独斗——"人人为我,我为人人"——最终做到了"运筹于帷幄之间,决胜于千里之外"。

虽然每个人只能感知到自己周边的情况,但是通过屏幕点击操作,如在地图上标出多边形或手绘图,这样每个人都能获知全局统一的态势情况。

在扑灭森林或山火行动中,对整体态势成功感知能够拯救人的生命。每个人都把自己看到的情况发布出去,那么所有人都可以对火情的变化了如指掌。

每个人把自己看到的情况可以通过拍照的方式共享自己的拍照地点与镜头对准方向,从而给团队提供实时侦察,如图 6-4 所示。

再比如战场上的侦察兵,只需要动动手指标注出自己感知到的敌情,在安全静默隐蔽中就能够呼叫无人机或远程导弹火力精确打击,从而亲眼目睹敌人在转瞬间"樯橹灰飞烟灭"。

图 6-4　军队通过车载、机载、舰载、单兵等形式进行战场态势感知

一般搜救组织分为三层,分别是指挥员级、分队长级和队员级三层。

1)指挥员级 APP 负责搜救区域定位及任务下发。

2)分队长级 APP 进行搜索路径规划。

3)队员则执行具体搜救工作。

搜救过程中:

1)路径规划任务采用优化的蚁群算法提高了收敛速度。

2)数据包采用粒子群算法智能调度优化了网络转发性能。

3)分布式任务分配算法突破了以往依靠人力进行任务分配的局限性。

4)分队长级 APP 边缘计算减轻了网络负载,通过自主决策、态势同步和任务协同,提高了系统效率。

6.1.2　应急管理

近年来,我国应急通信产业迅猛发展,结合当今产业现状可知,应急产业的产值仍将进一步快速增长,2020 年我国应急通信行业规模增长 10%约为 130 亿元,北斗卫星通信产业作为应急通信产业的一部分,具有极大的发展机遇。同时,全国各县级以上政府均设有应急管理办公室负责采购应急设备,每年都有很大一部分经费用来采购应急救援设备,用于消防救援、公安武警出警办案、灾后救援、120 急救指挥调度等多个应急管理方面。

我国自然灾害频发,森林火灾也是时常发生的重大自然灾害。在森林火灾防护方面,巡林员可以通过北斗短报文及时上报林业信息。森林火灾救援过程中,火情复杂、环境恶劣,可以通过北斗在后台指挥端看到救援人员分布状况及所处环境,从而进行有效部署,通过北斗短报文更能及时了解自己与其他救援人员的状态信息,方便交流,减小因火情突变带来的危险和伤害。在 2021 河南洪灾中,移动通信基站基本退服,河南全省累计派出应急人员 3.03 万人次、应急车辆 8 237 台次、发电油机 8 018 台次、卫星电话 148 部,开展灾后的指挥调度和救援工作,以保证及时有效地救援。公安武警出警过程中,指挥中心统一部署,安排行动,警员之间通过北斗短报文文字通信功能进行有效地信息交流,以促进办案效率。

在上述政府部署的部分应急管理平台建设中,北斗短报文发挥了极大的作用,主要是帮助团队成员之间建立有效的联系,但是仍然存在着使用不方便、沟通不及时的问题。比如救援人员在火灾、洪灾救援过程中,由于灾区复杂,不方便进行基于北斗短报文的文字信息传输,从而耽误了最佳救援时机或者导致更大的危险。本书所研发完成的北斗短报文数话同传系统发挥了北斗短报文在恶劣环境下能够不依赖通信基站进行通信的优势,实现了语音通信功能,极大地提高了团队间的信息交流能力。该系统还能够实时共享团队队员状态信息,提高了指挥员的决策制定和保障了应急救援环境下团队作业人员的生命安全。

6.1.3　海洋渔业

北斗海洋渔业综合信息服务系统融合北斗短报文、手机短信、互联网等多种通信信息技术手段,实现北斗短报文与手机短信的互联互通,具有遇险报警、搜救协调通信、现场寻位、海上安全信息播放、常规公众业务通信等功能。系统可向远海渔业生产作业者和关联者提供船、岸间的多种数字报文互通服务;向渔业管理部门提供渔业管理、船位监控、紧急救援信息服务;向渔业经营者提供渔业交易信息服务以及物流运输信息服务;向海洋渔业船只提供定位导航、航海通告、遇险求救、增值信息服务,例如天气、海浪、渔场、鱼汛、渔市等信息交流服务。

在渔业作业方面,交通运输部及各地政府部门已强制约 150 万艘渔船安装北斗系统,通过北斗短报文增强了渔民与外界的联系。比如在我国东南沿海 50 n mile 以外的中远海船舶,都安装了基于北斗的海上通信设备,并为各渔业管理部门建立超过 1300 个船位监控系统,建成了海、天、地一体化的船舶集中监控管理体系。已发展入网用户近 7 万个,伴随手机用户约 15 万个,日均位置数据 800 万条,日均短信 6 万余条。

在海上遇险报警与搜救指挥方面,交通运输部已在中国海上搜救中心、各省级海上搜救中心、救助局、打捞局等相关业务部门开展应用部署,在参与搜救的海事、救助船舶上安装了北斗短报文智能船载终端,面向涉海用户推广了40余万套北斗报警设备。该系统的使用显著提高了海上遇险对象搜寻效率,减少了海上遇险伤亡人数,保障了海上作业的人身和财产安全。随着北斗全球系统的建设以及各类技术的不断发展,本系统服务区域将从中国海域扩展到全球,支持更多报警信息接入,带动海上用户普及使用基于北斗短报文的海上遇险报警设备,推动北斗在海事搜救领域的广泛应用。

以上海洋渔业方面的人群都已具备使用北斗短报文的条件,但目前由于北斗短报文需要手动输入通信内容,所以不方便在一些紧急情况下使用。本书所研究完成的北斗短报文数话同传系统可为海洋渔业作业人群的生命财产安全保驾护航,通过将原有的北斗短报文文字交互模式升级为语音交互模式,让使用者可如同使用普通对讲机一样,只需按下一个按钮即可通过北斗短报文实现语音通信功能,十分便利。

6.1.4　边防海防

我国幅员辽阔,边境线也十分绵长与复杂,大部分的边防和海防管理工作都处于恶劣的环境下,一般的应急通信方式都难以很好地发挥作用,而卫星通信可以不受距离限制,同时不依赖于移动通信基站进行通信。因此,我国的北斗卫星导航系统在边防和海防过程中发挥着重要作用。

北斗卫星在公安边防、海警海防工作中的应用是主要利用北斗短报文通信和现代移动网络通信技术来进行信息的交流与传递,不需要建立新的专用网络。利用北斗终端具有的短报文功能,公安边防人员和海警海防人员能够将自己的定位信息和现场的其他信息通过北斗系统传输的指挥中心,解决恶劣环境下通信盲区的问题。比如在地域辽阔的新疆、西藏等常用的通信手段难以完成正常通信的地区使用,以及在没有通信基站信号覆盖的一些海域都可以利用北斗短报文进行通信。目前,主要有以下两方面的应用。

(1)实现边防和海防信息的交互。通过北斗短报文通信将获取的位置信息、图像信息等边防海防信息传输给指挥中心,指挥中心也可通过北斗短报文将边防海防信息传递给相关处置人员。

(2)边防海防人员的团队作业。在执行边防和海防管理任务过程中,存在很多突发情况,执勤人员可以通过北斗短报文进行相互之间的信息交流,同时还可以将信息传递回指挥中心。

在以上的边防和海防需求中,北斗短报文发挥了十分重要的作用,本书的北斗短报文数话同传系统解决了北斗短报文应用存在的短板问题,并增加了语音聊天功能,通过团队协助APP支持团队内部成员多态势信息的分享,能够进一步很好地服务于边防海防管理工作。

6.1.5　公安应急通信指挥

北斗在公安应急通信指挥领域发挥着重要作用。公安机关通过部署北斗警用位置服务系统及北斗公安应急短报文服务系统,利用北斗系统精确定位及短报文通信功能,为公安实战提供可视化的警力资源调度及常规通信手段失效情况下的应急通信保障,成为提升公安机关应急处突战斗力的有效手段。北斗公安应急短报文服务系统利用北斗系统的短报文通信功能,提供在偏远地区、地形复杂地区移动通信网、公安通信专网失效情况下的应急通信服务,可及时将一线情况回传至后方指挥部,为应急指挥提供全天候、全时段的通信保障服务。

当前,北斗警用位置服务系统及北斗公安应急短报文服务系统已投入使用,初步建成全国位置一张图、短信一张网的公安应用体系,形成纵向扁平化指挥调度、横向跨区域跨警种联动的综合位置资源服务能力。另外,在禁毒作战指挥方面,构建了北斗禁毒"云＋端"作战指挥系统,利用北斗定位和短报文通信服务,结合移动通信技术、视频技术和警用地理信息技术,应用于毒品案件的线索采集、案件侦查、情报研判和最终行动收网等阶段,实现了公安禁毒侦查指挥车实时定位和回传、现场警力的综合部署和指挥调度等功能,全面提升了打击涉毒涉恐"整体发现、堵源截流、精确打击和防范管控"的能力。目前,已在广西壮族自治区建立了以禁毒任务为导向、基于北斗的一体化情报实战平台,取得了显著的禁毒成效,应用推广前景广阔。

因此,北斗短报文数话同传系统在公安应急通信指挥、禁毒作战指挥方面具有巨大的应用价值,提供的语音聊天功能和支持团队内部丰富的态势信息共享特点不仅能够保证公安机关人员在偏远、复杂地区的通信指挥,还能成为公安禁毒人员打击毒品犯罪的一把利剑。

6.2　应用案例

6.2.1　应用案例共同特点统一综述

本节将阐述应用最广泛的几种应急救援案例,本书提出的技术在多种应用案例中具有相同或相似的特性,所以在此统一综述如下。

(1)技术方案的出发点:通过提供便携的应急通信装备,避免传统应急通信专网设备的高成本、大体积(如应急通信车、应急基站),无需布设专网基站,仅仅依赖个人携带的智能终端,和长续航、远距离的物联网小天线以及北斗短报文机,就能完成中远距离的团队协作与态势感知。避免了现有语音指挥带来的信息传递不清、歧义甚至误解。

(2)技术方案的特点:无需布设应急通信车、专网基站、卫星电话、卫星互联网等昂贵和体积功耗巨大的传统装备、仅需救援相关部门的每个人随身携带便携式智能终端,以及物联网小天线或/和北斗盒子,即可完成有无手机信号情况下的中远距离通信,实现态势感知和团队协作。

(3)技术方案的核心技术:内置态势感知与指控软件的智能态势感知终端。该终端能够通过仅仅使用物联网、北斗短报文等低成本、低功耗、远距离、窄带传输手段,就能够完成应急救援所需的所有功能。

(4)技术方案不仅能让指挥所,还能让所有参与救援的部门,所有赋权工作人员,都能够感知整体态势,拥有"上帝视角",在最短时间内做出最优决策,挽救更多人民群众的生命和财产。本方案能够在满足广大基层应急部门有限预算的同时,实现救援所需的全局态势感知和信息通信。

（5）由于技术方案无需大型和预设的通信车辆、基站、布线等工作，无需昂贵的海事卫星、卫星电话、卫星互联网设备和资费，仅需随身携带即可随时投入应急行动。不论在平时、灾害救援期间、以及灾后重建过程中，都能发挥巨大作用，维护社会稳定，保障人民群众的生命财产安全。

6.2.2　地震灾害便携式应急通信系统

1. 背景需求

特大地震灾害下，断路、断电、公网受损，需要解决救援现场与前指、后指之间的专网应急通信，解决现场群众的必要通信，解决救援队伍搜救受困群众的通信。应急管理部门分类建立的气象、救援、抢险、排涝、舟桥、船艇、爆破等力量，需要保持紧密配合，实时共享相关态势信息，才能做到及时正确决策。

不论是平时、汛期、洪涝，都需要持续监测地震，建设救灾物资备灾点。查看地图上各个地震信号监测是多少，知道不同类型的救灾物资分别在地图动态定位的哪里，各有多少数量，在态势地图上看到每个值班人员和预备人员的地图动态定位，每个人都能向团队分享道路、区域、地图标注点等信息。

本方案的出发点，就是通过提供便携的应急通信装备，避免传统应急通信专网设备的高成本、大体积（如应急通信车、应急基站），无须布设专网基站，仅仅依赖个人携带的智能终端和长续航、远距离的物联网小天线，以及北斗短报文机，就能完成中远距离的团队协作与态势感知。避免了现有语音指挥带来的信息传递不清、歧义甚至误解。

2. 方案概述

每个救援人员随身携带一个内置势感知与指控软件的便携式智能终端，该终端通过内置和外接方式，支持移动互联网、物联网、北斗短报文、卫星互联网、通信中继无人机等多种传输手段，实现对地震灾害中的人、财、物的定位，以及文字、语音、图像、视频、多种气体、震动等类型传感器、侦查无人机等多种业务的共享。在不同的通信环境下，本方案可以实现的功能见表6-1。

表6-1　地震灾害应急通信系统功能概览

序号	方案可实现的信息共享和通信功能	互联网	物联网	北斗短报文
1	传感器实时监测数据	√	√	√
2	摄像头实时监视视频	√	×	√
3	舟船、车辆、医护、食品、帐篷、被装、沙袋等各种物资地图实时分布	√	√	√
4	各部门人员和搜救犬的动态实时位置（运输、医疗、破拆、后勤等）	√	√	√
5	各部门人员的实时语音聊天	√	√	√
6	各部门人员的实时文字聊天	√	√	√

续表

序号	方案可实现的信息共享和通信功能	互联网	物联网	北斗短报文
7	上报求救人员位置、所需物资信息	√	√	√
8	上报求救人员相关照片	√	×	×
9	最新道路通断信息及最佳救援路线	√	√	√
10	各分队分工区域变化,避免重复搜救	√	√	√
11	单个建筑内部是否已被搜救,避免重复搜救	√	√	√
12	搜救队员发现受灾人员后,上报相关信息	√	√	√
13	漏电、有毒气体泄漏导致的电子围栏	√	√	√
14	测距、测向、地势、海拔、高程和等高线、视距等地理信息分析	√	√	√
15	无人机侦查视频实时分发到一线人员终端	√	√	√
16	无人机侦查视频实时传输给指挥所	√	√	√
17	无人机中继物联网范围扩大 5 倍	√	√	√
18	人员、车船、搜救犬等运动轨迹显示	√	√	√

3. 解决方案

本方案的解决方案主要包括技术方案、实施路径及应用案例。

(1)技术方案。便携式地震灾害应急通信系统方案的总体技术架构如图 6-5 所示。

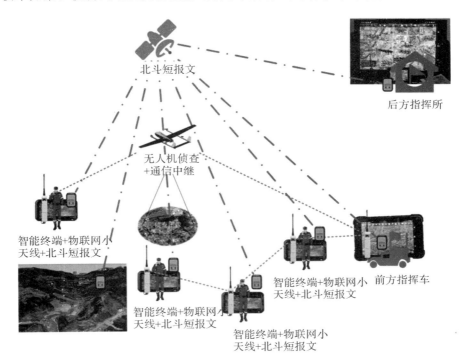

图 6-5　无互联网情况下,针对地震灾害的便携式应急组网＋态势感知方案

本方案的主要内容和功能特点如下。

1）每个救援一线人员（医疗、后勤、运输、破拆、舟船等所有岗位）除常规对讲机外，随身配备 1 个 6 in① 小型智能终端和 1 个物联网小天线和 1 个北斗盒子。

2）前方指挥车上人员每个人配备 8 in 平板（见图 6-7）。

图 6-6　搜救队员配置

图 6-7　指挥车人员配置

3）后方指挥所配置平板、大屏幕、物联网小天线和北斗盒子，使用平板投屏到大屏幕上，对全局态势一目了然（见图 6-8）。

图 6-8　后方指挥所配置

4）地震救援相关的震动、气体、水位等传感器读数可以通过北斗短报文发送到各级指挥车、指挥所和搜救队员的智能终端上实时显示（见图 6-9）。

5）水库监控图像可以通过手机互联网或卫星互联网通信发送到后方所有人员终端上（见图 6-10）。

6）随时显示出救援物资位置、数量等信息（见图 6-11）。

---

①　1 in=2.54 cm，文中用来表示相关显示设备屏蔽对角线尺寸单位。

图 6 - 9　显示地震救援相关的震动、气体、水位等传感器读数

图 6 - 10　远程打开地图上的摄像头查看水库情况

图 6 - 11　救援物资位置、数量等信息显示

7）显示各部门人员的实时动态位置（见图 6 - 12）。

8）任意人员都能够对发现的灾害区域进行标记，全部救援部门人员共享（见图 6 - 13）。

9）对漏电、塌方、深井等危险区域进行标记并设置电子围栏，人员进入会受到警报提示（见图 6 - 14）。

10）任意赋权人员都可以在地图进行标记，并通知其他人某条道路不通（见图 6 - 15）。

11）救援载具路线规划和共享，可以规划显示救援载具的路线并通知所有人（见图6 - 16）。

图 6-12　各部门人员的实时动态位置显示图

图 6-13　灾害区域标记与共享

图 6-14　危险区域标记及电子围栏设置

图 6-15　通知队友哪些道路不通

12)规划路线并共享给队友避免走错路(见图 6-17)。

13)精确标记已搜救区域边界,避免重复搜救(见图 6-18)。

图 6-16　救援载具的路线规划和共享

图 6-17　路线规划和共享给队友

图 6-18　标记已搜救区域

14)评估房屋受损情况并共享(见图 6-19)。

15)对房屋内部搜救,发出救援物资请求(见图 6-20)。

16)对房屋内部受灾群众进行记录并上报(见图 6-21)。

17)水位高度信息共享,添加照片佐证(见图 6-22)。

18)进入房屋搜救标记(见图 6-23)。

19)设置房屋安全出口方向(见图 6-24)。

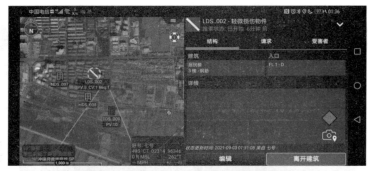

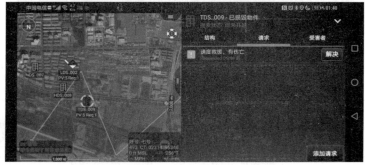

图 6 - 19　共享建筑物受损情况

图 6 - 20　发出救援请求

图 6 - 21　记录受灾情况并上报

续图 6-21 记录受灾情况并上报

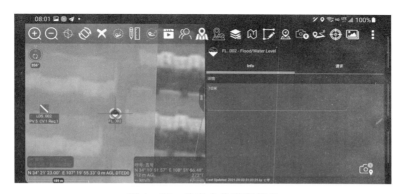

图 6-22 共享水位高度信息

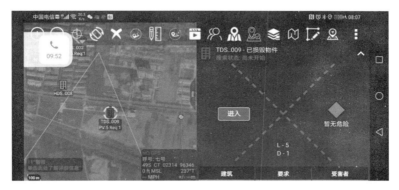

图 6-23 进行房屋搜集标记

20)结束房屋搜救信息(见图 6-25)。

21)房屋搜救信息上报(见图 6-26)。

22)任意两点间的空间三维测距和测向和地形起伏情况(见图 6-27)。

23)世界独创北斗数话同传技术:使用态势终端,仅仅通过北斗短报文就能够同时发送定位、文字聊天和语音聊天(见图 6-28)。

24)指挥所可以对地震影响范围标注(见图 6-29),距离震中不同距离影响不同。

图 6-24　设置房屋安全出口信息

图 6-25　结束房屋搜救信息示意图

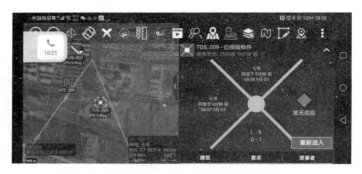

图 6-26　上报房屋搜救信息

图 6-27　三维测距测向示意图

续图 6 - 27 三维测距测向示意图

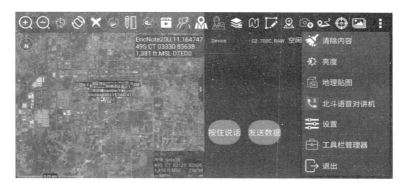

图 6 - 28 北斗数话同传功能

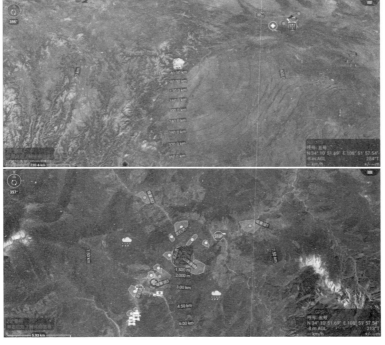

图 6 - 29 地震影响范围的标注

25)气象部门可以对实时天气预报进行标注,所有人员都能共享看到(见图 6-30)。

图 6-30　实时天气预报与共享

26)指挥所可以根据无人机信息标记堰塞湖等范围(见图 6-31),所有人员都能看到。

图 6-31　利用无人机进行范围标注

27)救援队通过北斗短报文共享自己的位置(见图 6-32),受困于堰塞湖,包括指挥所在内的所有人员都能看到。

图 6-32　基于北斗短报文共享位置信息

28)空降兵降落后,包括指挥所在内所有人员都能看到空中救援信息显示(见图 6-33)。

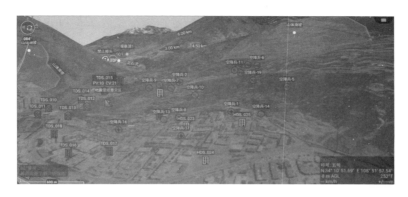

图 6 - 33　空中救援信息显示

29)救援队内部可以通过物联网小天线实现内部近距离(5 km 内)的通信协作(见图 6 - 34)。

图 6 - 34　基于物联网小天线完成近距离通信

本方案核心技术是"指尖智慧地球"智能态势感知终端。该终端能够通过仅仅使用物联网、北斗短报文等低成本、低功耗、远距离、窄带传输手段,就能够完成应急救援所需的所有功能。本方案大大降低救援队伍的采购成本,提升搜救效率,搜救队伍能够更加高效地保护自己、拯救他人。

(2)实施路径及应用案例。

1)应用切入点。以汶川地震为案例,以各省市县区应急管理部门为切入点。

2)主要应用场景。地震灾害的平时监测、受灾救援、灾后重建。

3)关键实施步骤。为各省市县区应急等部门配备本方案涉及的便携式通信装备,并进行培训。

4)通信系统部署。本方案仅需人员随身携带便携式终端、物联网小天线、北斗短报文盒子、充电宝、对讲机等小微型装备即可,无须事先布设通信基础设施(无需应急通信车载基站、应急专网等),具有极大部署时间和成本优势。

5)数据开发利用。本方案使用过程中采集到的大数据,都由各级各部门自行存储,可经过互联网进行汇总,得到各省区甚至全国的救援大数据。

6)业务优化路径。通过用户的闭环反馈,进行持续修改和更新。

7)内外部协同等情况。可通过后台服务器完成救援系统的内外部协同。

4. 价值成效

我国西部地区地震频发,需要提高地震救援装备水平来保障更多的人民群众生命财产安全。图 6-35 所示为中国地震台网中心提供的我国地震历史记录(1985—2020)数据。

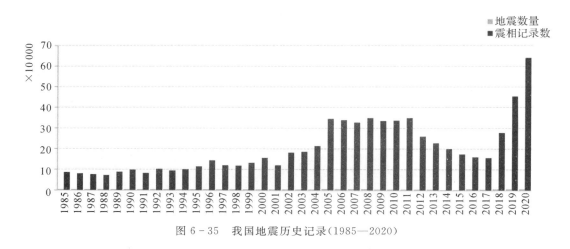

图 6-35　我国地震历史记录(1985—2020)

2019 年,我国大陆地区共发生 20 次 5 级以上地震,其中 6 级以上地震 2 次,未发生 7 级以上地震,发生的 13 次地震灾害事件,共造成 17 人死亡,411 人受伤,直接经济损失约 59 亿元。仅 2021 年 7 月,我国大陆地区共发生 4.0～4.9 级以上地震 14 次。

全国有过半省份需要日常应对地震灾害,各省市县区的应急管理部门都是主要客户群体。市场规模超过 10 亿元。

5. 推广空间

本方案可应用在国内地质灾害频发的地区,也可以向国外有相同需求的国家和地区进行推广,具有巨大的经济价值和社会价值。

6.2.3　海上灾难便携式应急通信系统

1. 背景需求

海上搜救部门分类建立的气象、救援、抢险、舟船、空中、后勤等力量,需要保持紧密配合,实时共享相关态势信息,才能做到及时正确决策。

不论是平时海上监测、海上事故期间、事故善后等阶段,都需要持续监测情况进展,建设救灾物资备灾点。查看地图上各个部门和人员信息,知道不同类型的救灾物资分别在地图动态定位的哪里,在态势地图上看到每个值班人员和预备人员的动态地图定位。

本方案的出发点,就是通过提供便携的应急通信装备,避免传统应急通信专网设备的高成本、大体积(如应急通信车、应急基站),无须布设专网基站,仅仅依赖个人携带的智能终端和北斗短报文机,就能完成远距离的海上搜救团队协作与态势感知。避免了现有语音指挥带来的信息传递不清、歧义甚至误解。

2. 方案概述

《便携式海上灾难应急通信系统》是每个出海人员身穿配备北斗报位器的救生衣。每个救援人员随身携带一个内置态势感知与指控软件的便携式智能终端,该终端支持北斗短报文、船上 WiFi 等多种传输手段,实现对海上人员、船只、落水者等的定位,以及文字、语音、无人机视频等多种业务的共享。仅使用北斗短报文通信与无人机侦查,本方案就可以实现海上搜救的功能见表6-2。

表 6-2　海上灾难应急通信系统功能概述

序号	方案可实现的信息共享和通信功能	北斗短报文
1	所有人员的动态实时位置	√
2	各部门人员的实时语音聊天	√
3	各部门人员的实时文字聊天	√
4	车船、无人机、医护等各种物资地图实时分布	√
5	落水求救人员动态位置自动上报	√
6	各搜索分队分工区域变化,避免重复搜救	√
7	越境电子围栏报警	√
8	无人机侦查视频实时传输给陆地或海上指挥所	
9	船只、人员轨迹显示	√

3. 解决方案

(1)技术方案。便携式海上灾难应急通信系统方案的总体技术架构如图6-36所示。本方案的主要内容和功能特点如下。

1)海上所有人员穿配北斗短报文救生衣(见图6-37)。

2)每个救援人员除常规对讲机外,随身配备一个 6 in 小型智能终端和一个北斗报位器(见图6-38)。

3)海上指挥船和陆地指挥所,都配备 8 in 智能平板终端和北斗短报文报位器(见图6-39)。

4)油电无人机和太阳能无人机持续搜索(见图6-40)。

5)事故发生,搜救人员的智能终端上显示失事船只最后位置,陆海指挥员立即以该位置为圆心,设置搜救范围(见图6-41)。

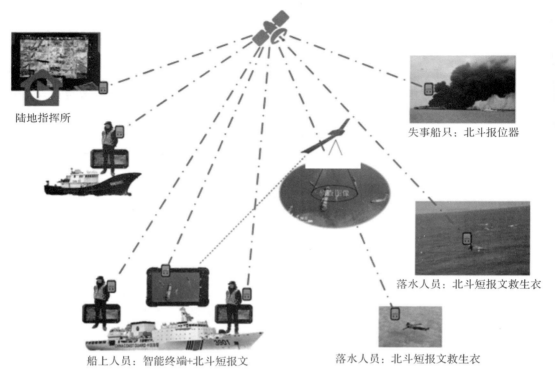

陆地指挥所

失事船只：北斗报位器

落水人员：北斗短报文救生衣

船上人员：智能终端+北斗短报文

落水人员：北斗短报文救生衣

图 6-36　无互联网情况下，针对海上搜救便携式应急组网＋态势感知方案

图 6-37　所有出海人员都必须穿配有"北斗报位器"的救生衣

图 6-38　救援队员配置

图 6-39　海上指挥船和陆地指挥所配备智能平板和北斗报位器

图 6-40　普通无人机和太阳能无人机进行空中搜索

图 6-41　显示船只搜救位置和设置范围

6)指挥所规划无人机搜救航路,并通过北斗短报文通知到所有搜救人员的智能终端上共享显示(见图 6-42)。

7)落水人员通过救生衣上的北斗报位器发送自己的实时动态位置(见图 6-43)。

图 6-42 无人机搜救航路规划及共享

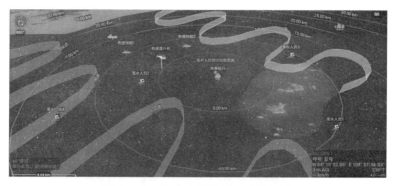

图 6-43 落水人员报送自己的位置

8)多个搜救船只分别判断距离自己最近的落水人员,分头搜救(见图 6-44)。

图 6-44 根据位置分头搜救

9)无人机侦查图像可以分发给指挥船上的所有智能终端。根据无人机实时侦查图像,在地图上标定可疑目标,通知附近的救援力量前去搜救(见图 6-45)。

10)随时切换电子海图查看航道等信息(见图 6-46)。

11)查看三维相对高度位置(见图 6-47)。

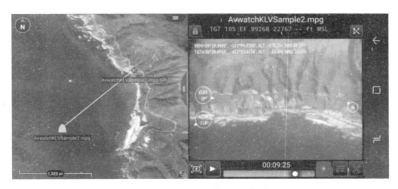

图 6 - 45　无人机侦查图像分发

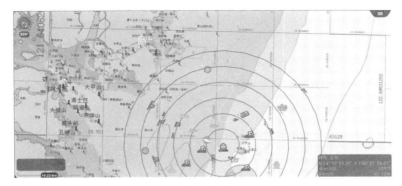

图 6 - 46　通过电子海图查看航道信息

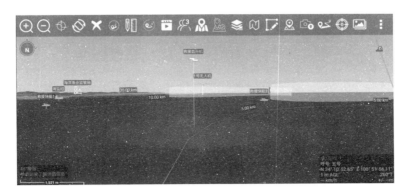

图 6 - 47　查看三维相对高度位置

（2）实施路径及应用案例

1）应用切入点。海上事故和灾难常发。本方案以全国近百个海上救援中心为切入点。

2）主要应用场景。各类海上事故救援。

3）关键实施步骤。为涉海各省市县区海事、海监、渔业、应急等部门配备本方案涉及的便携式通信装备，并进行培训。

4）通信系统部署。本方案仅需人员随身携带便携式终端和北斗短报文机、充电宝、对讲机等小微型装备即可，无人机需要在岸基或舰船上进行部署。

5)数据开发利用。本方案使用过程中采集到的大数据,都由各级各部门自行存储,可经过互联网进行汇总,得到各省区甚至全国的救援大数据。

6)业务优化路径。通过用户的闭环反馈,进行持续修改和更新。

7)内外部协同等情况。可通过后台服务器完成救援系统的内外部协同。

4. 价值成效

2021年1月—5月,全国各级海上搜救中心共组织、协调搜救行动共计719次,搜救遇险船舶564艘,死亡254人。欧洲海事安全局(European Maritithe Safety Agency,EMSA)发布了其《2017年海上伤亡事故年度报告》,报告显示,2017年全年共发生3301起事故,其中包含74起重大伤亡事故,共有61人丧生,1018人受伤。

中国海上搜救力量主要由专业救助力量、军队、中央有关直属部门和地方部门的力量,以及各港口、企事业单位和航行于中国水域的大量商船和渔船组成。专业求助力量主要为交通运输部救捞局,其下设北海、东海、南海三个救助局,烟台、上海、广州三个打捞局,以及上海、大连、湛江、厦门四个海上救助飞行队。截至2019年底,共有海上待命点88个,最远的一个位于南沙岛礁,标志着专业海上搜救力量基本覆盖中国18 000 km海岸线。

按照目前100个海上专业搜救中心计算,每中心需要配置50部智能终端和50部北斗短报文机,这个市场份额就是5 000部,加上技术服务等共计约1亿元。

5. 推广空间

本方案可应用在国内滨海地区,也可以向国外有相同需求的国家和地区进行推广,具有巨大的经济价值和社会价值。

6.2.3　森林火灾便携式应急通信系统

1. 背景需求

森林消防部门分类建立的气象、救援、抢险、灭火、车辆、空中、后勤等力量,需要保持紧密配合,实时共享相关态势信息,才能做到及时正确决策。

不论是平时监测、火灾期间、灾后重建,都需要持续监测火情,建设救灾物资备灾点。查看地图上各个森林火灾红外探头信息,知道不同类型的救灾物资分别在地图动态定位的哪里,在态势地图上看到每个值班人员和预备人员的动态地图定位。

本方案的出发点,就是通过提供便携的应急通信装备,避免传统应急通信专网设备的高成本、大体积(如应急通信车、应急基站),无须布设专网基站,仅仅依赖个人携带的智能终端和长续航、远距离的物联网小天线,以及北斗短报文机,就能完成中远距离的团队协作与态势感知。避免了现有语音指挥带来的信息传递不清、歧义甚至误解。

2. 方案概述

以下主要介绍解决方案名称、切入场景、主要功能等内容,以及与传统解决方案的区别、优点和创新点。

每个救援人员随身携带一个内置态势感知与指控软件的便携式智能终端,该终端通过内置和外接方式,支持移动互联网、物联网、北斗短报文、卫星互联网、通信中继无人机等多种传输手段,实现对森林火灾中的人、财、物的定位,以及文字、语音、图像、视频、毒气传感器、侦查无人机等多种业务的共享。在不同的通信环境下,本方案可以实现的功能见表 6-3。

表 6-3　森林火灾应急通信系统功能概述

序号	方案可实现的信息共享和通信功能	互联网	物联网	北斗短报文
1	气体实时监测数据	√	√	√
2	火灾实时监视视频	√	×	√
3	车辆、医护、沙袋等各种物资地图实时分布	√	√	√
4	各部门人员的动态实时位置(运输、医疗、破拆、后勤等)	√	√	√
5	各部门人员的实时语音聊天	√	√	√
6	各部门人员的实时文字聊天	√	√	√
7	上报求救人员位置、所需物资信息	√	√	√
8	上报求救人员相关照片	√	×	×
9	最新道路通断信息及最佳救援路线	√	√	√
10	各分队分工区域变化,避免重复搜救	√	√	√
11	单个建筑内部是否已被搜救,避免重复搜救	√	√	√
12	搜救队员发现受灾人员后,上报相关信息	√	√	√
13	漏电、有毒气体泄漏导致的电子围栏	√	√	√
14	根据地势、风向分析火情发展	√	√	√
15	无人机侦查视频实时分发到一线人员终端	√	√	√
16	无人机侦查视频实时传输给指挥所	√	√	√
17	无人机中继物联网范围扩大 5 倍	√	√	√
18	人员轨迹显示	√	√	√

3.解决方案

(1)技术方案。便携式森林火灾应急通信系统方案的总体技术架构如图 6-48 所示。
本方案的主要内容和功能特点如下。

1)每个救援一线人员(医疗、后勤、运输、灭火等所有岗位)除常规对讲机外,随身配备一个 6 in 小型智能终端、一个物联网小天线和一个北斗短报文机。消防队员配置如图 6-49 所示。

2)前方指挥车每个人配备 8 in 平板(见图 6-50)。

3)后方指挥所使用平板投屏到大屏幕上,对全局态势一目了然(见图 6-51)。

4)火情传感器读数可以通过北斗短报文发送到各级指挥车、指挥所和分队长的智能终端上实时显示(见图 6-52)。

5)共享安置点和救援物资位置、数量等信息(见图 6-53)。

6)显示各部门人员的实时动态位置(见图 6-54)。

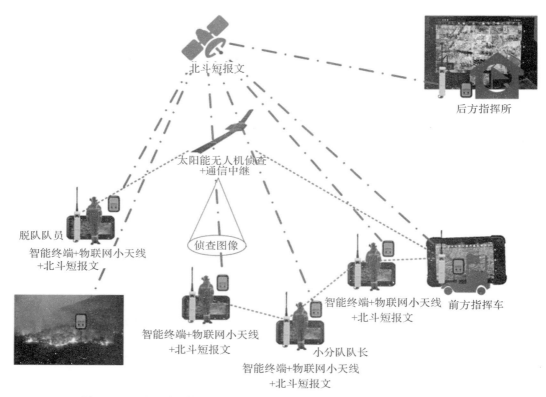

图 6-48 无互联网情况下,针对森林灭火的便携组网+应急态势感知方案

图 6-49 消防队员配置

图 6-50 指挥车人员配置 8 in 平板、物联网小天线和北斗短报文

图 6-51　后方指挥所配置平板、大屏幕、物联网小天线和北斗短报文机

图 6-52　火情传感器读数显示

图 6-53　安置点和救援物资位置显示

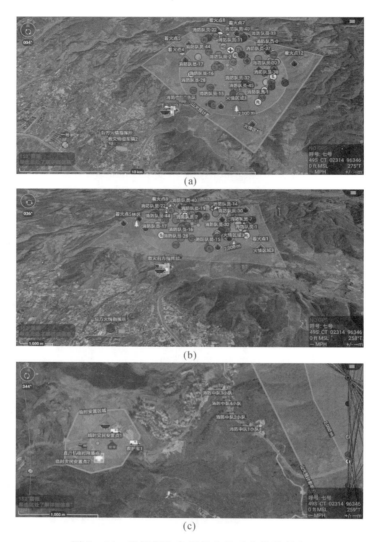

(a)

(b)

(c)

图 6-54 指挥所和各部门人员动态位置共享

(d)

续图 6-54 指挥所和各部门人员动态位置共享

7)任意人员都能够对发现的灾害、火灾区域进行共享,全部救援部门人员即刻可见(见图6-55)。

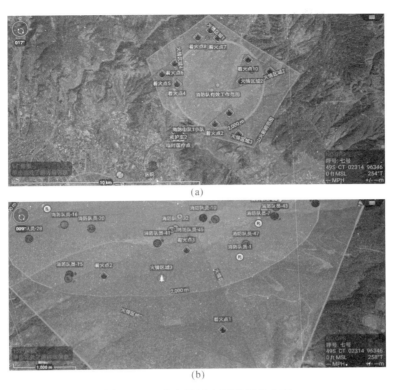

图 6-55 火灾区域火情等信息共享

8)对漏电、塌方、深井等危险区域进行标记并设置电子围栏,人员进入会受到警报提示(见图6-56)。

图 6-56 人员进入电子围栏范围就收到报警

9)任意赋权人员都可以在地图进行标记,并通知其他人某条道路不通(见图6-57)。

10)救援载具路线规划和共享。

11)规划路线并共享给队友避免走错路(见图6-59)。

图 6-57　通知队友哪些道路不通

图 6-58　可以规划显示路线并通知所有人

图 6-59　规划路线并共享给队友避免走错路

（2）实施路径及应用案例。

1）应用切入点。以四川凉山森林火灾救援为案例，以四川森林火灾消防单位为切入点。

2）主要应用场景。各类森林火灾的平时监测、受灾救援、灾后重建。

3）关键实施步骤。为各省市县区林业、消防、应急等部门配备本方案涉及的便携式通信装备，并进行培训。

4）通信系统部署。本方案仅需人员随身携带便携式终端、物联网小天线、北斗短报文机、充电宝、对讲机等小微型装备即可，无须事先布设通信基础设施（无需应急通信车载基站、应急专网等），具有极大部署时间和成本优势。

5)数据开发利用。本方案使用过程中采集到的大数据,都由各级各部门自行存储,可经过互联网进行汇总,得到各省区甚至全国的救援大数据。

6)业务优化路径。通过用户的闭环反馈,进行持续修改和更新。

7)内外部协同等情况。可通过后台服务器完成救援系统的内外部协同。

4. 价值成效

根据 1998—2017 年的中国林业统计年鉴中的历年森林火灾数据,20 年中我国的森林火灾的发生次数共有 138 664 次,日均发生森林火灾的次数高达 19 次之多。进一步计算 20 年所有森林火灾的火场总面积为 3 961 795.7 公顷,这个数据相当于 554.87 万个标准足球场。因为森林火灾造成的伤亡总人数为 2 392 人,其中轻伤人数 890 人,重伤人数 396 人,死亡人数 1 106 人。仅 2 019 年全国森林火灾共计 2 345 起,死亡 76 人,火场面积近 4 万公顷,其他损失 1.6 亿元。

在我国,灭火队伍包括专业森林消防队伍、半专业森林消防队伍、应急森林消防队伍、群众森林消防队伍。根据凉山新闻网 2020 年 3 月 5 日披露的数据,凉山州各级各类的 1.8 万名扑火队员中专业扑火队仅有 1 318 人,而半专业扑火队的人数是其近 10 倍。

这些数据表明,我国的森林防火队伍急需先进的应急通信装备,仅凉山州的 1.8 万名灭火队员,就需要约 5 000 部智能终端,才能完成平时防范和应急救援。为此该州需要采购 1 亿元的产品和技术维护服务。

以此推算,全国市场销售额将超过 20 亿元。

5. 推广空间

本方案可应用在国内森林火灾频发的地区,也可以向国外有相同需求的国家和地区进行推广,具有巨大的经济价值和社会价值。

6.2.5　洪涝灾害便携式应急通信系统

1. 背景需求

特大洪涝灾害应急场景下,将会出现河道堤坝外溢、城市大面积内涝,导致道路受阻、电力中断,抢险救援人员和受灾群众的通信不足,严重影响救援工作的及时展开。

应急管理部门分类建立的气象、救援、抢险、排涝、舟桥、船艇、爆破等力量,需要保持紧密配合,实时共享相关态势信息,才能做到及时正确决策。

不论是平时、汛期、洪涝,都需要持续监测水情,建设救灾物资备灾点。查看地图上各个水库的水位是多少,知道不同类型的救灾物资分别在地图动态定位的哪里,各有多少数量,在态势地图上看到每个值班人员和预备人员的地图动态定位。

本方案的出发点,就是通过提供便携的应急通信装备,避免传统应急通信专网设备的高成本、大体积(如应急通信车、应急基站),无须布设专网基站,仅仅依赖个人携带的智能终端和长续航、远距离的物联网小天线,以及北斗短报文机,就能完成中远距离的团队协作与态势感知。避免了现有语音指挥带来的信息传递不清、歧义甚至误解。

2. 方案概述

每个救援人员随身携带一个内置态势感知与指控软件的便携式智能终端,该终端通过内置和外接方式,支持移动互联网、物联网、北斗短报文、卫星互联网、通信中继无人机等多种传输手段,实现对洪涝灾害中的人、财、物的定位,以及文字、语音、图像、视频、水情传感器、侦查无人机等多种业务的共享。在不同的通信环境下,本方案可以实现的功能见表6-4。

表6-4 洪涝灾害应急通信系统功能概述

序号	方案可实现的信息共享和通信功能	互联网	物联网	北斗短报文
1	水情实时监测数据	√	√	√
2	水情实时监视视频	√	×	√
3	舟船、车辆、医护、食品、帐篷、被装、沙袋等各种物资地图实时分布	√	√	√
4	各部门人员的动态实时位置(运输、医疗、破拆、后勤等)	√	√	√
5	各部门人员的实时语音聊天	√	√	√
6	各部门人员的实时文字聊天	√	√	√
7	上报求救人员位置、所需物资信息	√	√	√
8	上报求救人员相关照片	√	×	×
9	最新道路通断信息及最佳救援路线	√	√	√
10	各分队分工区域变化,避免重复搜救	√	√	√
11	单个建筑内部是否已被搜救,避免重复搜救	√	√	√
12	搜救队员发现受灾人员后,上报相关信息	√	√	√
13	漏电、有毒气体泄漏导致的电子围栏	√	√	√
14	地势高低分析水流方向	√	√	√
15	无人机侦查视频实时分发到一线人员终端	√	√	√
16	无人机侦查视频实时传输给指挥所	√	√	√
17	无人机中继物联网范围扩大5倍	√	√	√
18	人员轨迹显示	√	√	√

3.解决方案

(1)技术方案。便携式洪涝灾害应急通信系统方案的总体技术架构如图6-60所示。

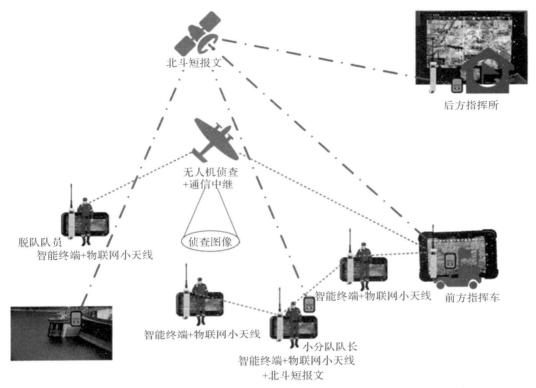

图 6-60　无互联网情况下,针对洪涝灾害的便携式组网＋应急态势感知方案

本方案的主要内容和功能特点如下。

1)每个救援一线人员(医疗、后勤、运输、破拆、舟船等所有岗位)除常规对讲机外,随身配备一个 6 in 小型智能终端和一个物联网小天线,小分队队长还需配备一个北斗短报文机(见图 6-61)。

图 6-61　队员(左)和队长(右)配置

2)前方指挥车人员每个人配备 8 in 平板(见图 6-62)。

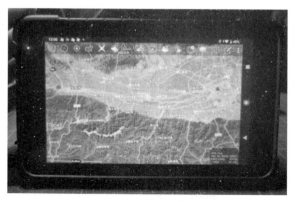

图 6-62 指挥车人员配置 8 in 平板、物联网小天线和北斗短报文

3)后方指挥所使用平板投屏到大屏幕上(见图 6-63),对全局态势一目了然。

图 6-63 后方指挥所配置平板、大屏幕、物联网小天线和北斗短报文机

4)水情传感器读数可以通过北斗短报文发送到各级指挥车、指挥所和分队长的智能终端上实时显示(见图 6-64)。

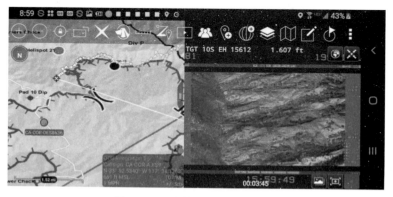

图 6-64 水情传感器读数显示

5)水库监控图像可以通过手机互联网或卫星互联网通信发送到后方所有人员终端上(见图 6-65)。

图 6 - 65　远程打开地图上的摄像头查看水库情况

6）随时显示出防汛物资和救援物资位置、数量等信息（见图 6 - 66）。

图 6 - 66　防汛物资和救援物资位置显示

7）显示各部门人员的实时动态位置（见图 6 - 67）。

图 6 - 67　各部门人员动态位置

8）任意人员都能够对发现的灾害、内涝区域进行标记（见图 6 - 68），全部救援人员共享。

9）对漏电、塌方、深井等危险区域进行标记并设置电子围栏，人员进入会受到警报提示（见图 6 - 69）。

10）任意赋权人员都可以在地图进行标记，并通知其他人某条道路不通（见图 6 - 70）。

图 6-68　内涝区域标注

图 6-69　人员进入电子围栏范围就收到报警

图 6-70　通知队友哪些道路不通

11)救援载具路线规划和共享(见图 6-71)。

12)规划路线并共享给队友避免走错路(见图 6-72)。

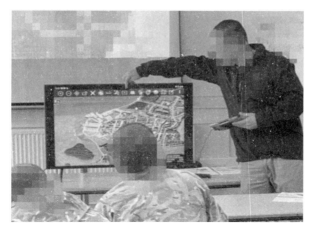

图 6-71　规划显示救援载具的路线并通知所有人

图 6-72　规划路线并共享给队友避免走错路

（2）实施路径及应用案例。

1）应用切入点。以城市内涝救援为案例，以各省市县区应急管理部门为切入点。

2）主要应用场景。各类洪涝灾害的平时监测、受灾救援、灾后重建。

3）关键实施步骤。为各省市县区水利、防汛、应急等部门配备本方案涉及的便携式通信装备，并进行培训。

4）通信系统部署。本方案仅需人员随身携带便携式终端、物联网小天线、北斗短报文机、充电宝、对讲机等小微型装备即可，无须事先布设通信基础设施（无需应急通信车载基站、应急专网等），具有极大部署时间和成本优势。

5）数据开发利用。本方案使用过程中采集到的大数据，都由各级各部门自行存储，可经过互联网进行汇总，得到各省区甚至全国的救援大数据。

6）业务优化路径。通过用户的闭环反馈，进行持续修改和更新。

7）内外部协同等情况。可通过后台服务器完成救援系统的内外部协同。

4. 价值成效

据公开报道,2021 年 8 月,四川省应急管理厅指导各地全面摸排防汛救援力量,梳理掌握省市县乡四级防汛救援队伍共 4 400 余支 22 万余人。按照 1/4 人员配备本方案终端,就是 5 万套,再加上物联网小天线、北斗短报文和服务器等产品及技术维护,市场销售额将超过 10 亿元。

全国有防汛挑战的省份市场总和估计有 10 个四川省的份额,那就是 100 亿元。即便是 40% 的市场份额,也是 40 亿元。

5. 推广空间

本方案可应用在国内洪涝灾害频发的地区,也可以向国外有相同需求的国家和地区进行推广,具有巨大的经济价值和社会价值。

6.2.6　危化品爆炸便携式应急通信系统

1. 背景需求

应急和消防部门分类建立的气象、救援、抢险、灭火、车辆、空中、后勤等力量,需要保持紧密配合,实时共享相关态势信息,才能做到及时正确决策。

不论是平时监测、事故期间、灾后重建,都需要持续监测火情,建设救灾物资备灾点。查看地图上各个部门信息,知道不同类型的救灾物资分别在地图动态定位的哪里,在态势地图上看到每个值班人员和预备人员的动态地图定位。

2. 方案概述

每个救援人员随身携带一个内置态势感知与指控软件的便携式智能终端,该终端通过内置和外接方式,支持移动互联网、物联网、北斗短报文、卫星互联网、通信中继无人机等多种传输手段,实现对人、财、物的定位,以及文字、语音、图像、视频、毒气传感器、侦查无人机等多种业务的共享。在不同的通信环境下,本方案可以实现的功能见表 6 - 5。

表 6 - 5　危化品爆炸应急通信系统功能概述

序号	方案可实现的信息共享和通信功能	应急通信车	物联网	北斗短报文
1	毒气实时监测数据	√	√	√
2	现场实时监视视频(通过消防队员手机,可以推送到现场每个终端上)	√	×	√
3	车辆、无人机、医护、沙袋等各种物资地图实时分布	√	√	√
4	各部门人员的动态实时位置(运输、医疗、破拆、后勤等)	√	√	√
5	各部门人员的实时语音聊天	√	√	√
6	各部门人员的实时文字聊天	√	√	√
7	上报求救人员位置、所需物资信息	√	√	√
8	上报求救人员相关照片	√	×	×

续 表

序号	方案可实现的信息共享和通信功能	应急通信车	物联网	北斗短报文
9	最新道路通断信息及最佳救援路线	√	√	√
10	各分队分工区域变化,避免重复搜救	√	√	√
11	单个建筑内部是否已被搜救,避免重复搜救	√	√	√
12	搜救队员发现受灾人员后,上报相关信息	√	√	√
13	漏电、有毒气体泄漏导致的电子围栏	√	√	√
14	根据地势、风向分析火情发展	√	√	√
15	无人机侦查视频实时分发到一线人员终端	√	×	×
16	无人机侦查视频实时传输给指挥所	√	×	×
17	无人机中继物联网范围扩大 5 倍	√	√	√
18	人员轨迹显示	√	√	√

3. 解决方案

(1)技术方案。便携式危化品爆炸应急通信系统方案的总体技术架构如图 6-73 所示。

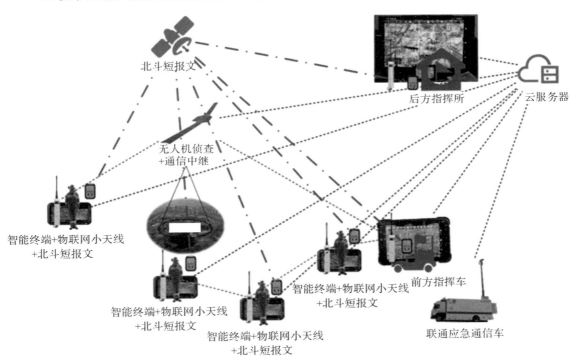

图 6-73　无互联网时,针对危化品爆炸的便携应急组网＋态势感知方案

本方案的主要内容和功能特点如下。

1)每个救援一线人员(医疗、后勤、运输、灭火等所有岗位)除常规对讲机外,随身配备一个

6 in 小型智能终端、一个物联网小天线和一个北斗短报文机(见图 6-74)。

图 6-74　队员配置

2)前方指挥车人员每个人配备 8 in 平板(见图 6-75)。

图 6-75　前方指挥车人员配置 8 in 平板、物联网小天线和北斗短报文

3)后方指挥所使用平板投屏到大屏幕上,对全局态势一目了然(见图 6-76)。

图 6-76　后指配置平板、大屏幕、物联网小天线和北斗短报文机

4)中国联通应急通信车部署在爆炸现场周边,确保最大限度的覆盖和互联网接入(见图6-77)。

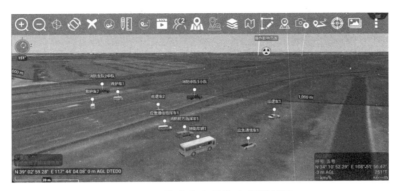

图 6-77　移动应急通信车部署情况

5)爆炸现场监控图像可以通过无人机航拍视频,实时推送到所有现场人员的智能终端上(见图 6-78)。

图 6-78　无人机航拍进行爆炸现场监控

6)共享毒气传感器位置和实时变化的读数(见图 6-79)。

7)共享显示各部门人员的实时动态位置(见图 6-80)。

8)任意人员都能够对发现的灾害区域进行共享,全部救援人员即刻可见(见图 6-81)。

9)对毒气、塌方、深井等危险区域进行标记并设置电子围栏,人员进入会受到警报提示(见图 6-82)。

10)任意赋权人员都可以在地图进行标记,并通知其他人某条道路不通(见图 6-83)。

11)救援载具路线规划和共享(见图 6-84)。

12)在地图上放置现场摄像头的位置,并打开查看实时监视视频(见图 6-85)。

图 6 - 79　共享毒气传感器位置和实时变化的读数

图 6 - 80　共享各部门人员位置

　图 6 - 81　进行划分灾害区域的共享

图 6-82　人员进入电子围栏范围就收到报警

图 6-83　通知队友哪些道路不通

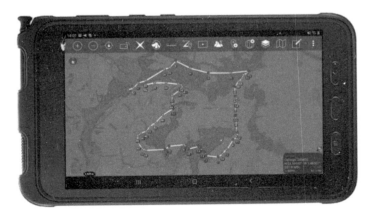

图 6-84　可以规划显示路线并通知所有人

（2）实施路径及应用案例。

1）应用切入点。由于危化品爆炸并非频发灾害，所以本方案以 2015 年天津港危化品爆炸救援为考虑，以各地危化品仓库为切入点。

2）主要应用场景。各类危化品爆炸平时监测、受灾救援、灾后重建。

3)关键实施步骤。为各省市县区消防、应急等部门配备本方案涉及的便携式通信装备,并进行培训。

图 6-85　通过摄像头实时监控现场

4)通信系统部署。本方案仅需人员随身携带便携式终端、物联网小天线、北斗短报文机、充电宝、对讲机等小微型装备即可,应急通信车载基站须配合部署。

5)数据开发利用。本方案使用过程中采集到的大数据,都由各级各部门自行存储,可经过互联网进行汇总,得到各省区甚至全国的救援大数据。

6)业务优化路径。通过用户的闭环反馈,进行持续修改和更新。

7)内外部协同等情况。可通过后台服务器完成救援系统的内外部协同。

4. 价值成效

2019 年中国化学品安全协会对 30 年来 7～9 月我国发生的涉及危险化学品的 18 起重特大事故(见附件)进行了统计分析,30 年来涉及危化品重特大事故总数 45 起,平均每年发生 1.5 起危化品重特大事故,但是每次事故造成的损失却是巨大的。例如,2015 年 8 月 12 日发生的天津港危化品仓库爆炸事故,共造成 165 人遇难、8 人失踪,798 人受伤。截至 2015 年 12 月 10 日,已核定直接经济损失 68.66 亿元人民币,其他损失尚需最终核定。

全国中东部地区和沿海经济发达地区的一线和二线城市,都规划有危险化学品仓库。为危化品仓库对应的消防、应急、公安、医疗、运输等队伍配置应急通信智能终端是一个基本需求。按照 100 个仓库进行估算,每个仓库配置 30 部终端,市场销售额超过 3 000 万元。再加上物联网小天线、北斗短报文和服务器等产品及技术维护,市场销售额将超过 2 亿元。

5. 推广空间

本方案可应用在国内危化品生产、运输和存储集散地,也可以向国外有相同需求的国家和地区进行推广,具有巨大的经济价值和社会价值。

6.3　本 章 小 结

本章以北斗短报文通信为例,系统阐述了卫星物联网应用与产业化发展。首先分析了卫星物联网通信功能在军事应用、应急管理、海洋渔业、边防海防、公安应急通信指挥等方面的应用,得出了卫星物联网数话同传系统拥有的巨大市场。进一步,卫星物联网数话同传系统解决了现有卫星物联网文字通信使用不便的问题,增加的语音聊天功能和团队协作 APP 支持的态势信息分享提高了团队内部成员间的信息交流效率与能力的介绍,说明了卫星物联网数话同传系统可以在已有的卫星物联网市场实现转化和应用,能够为应急救援和户外作业等人群提供一种新的强有力的通信手段。最后,以五种具体的应用案列对本书的数话同传系统的应用进行了分析,得出了卫星物联网数话同传系统在各应急行业表现强劲,具有广阔的应用市场。

参 考 文 献

[1]　王海涛. 应急通信的发展现状和技术手段分析[J]. 中国无线电，2010(11)：54 – 56.

[2]　杜奔. 关于应急通信系统的思考[J]. 数字通信世界，2021(6)：23 – 24.

[3]　李思瑶. 关于应急通信发展建设的思考[J]. 通信与信息技术，2015(4)：90 – 91.

[4]　HUANG J S, LIEN Y N. Challenges of Emergency Communication Network for Disaster Response[R]. IEEE International Conference on Communication Systems. IEEE, 2013.

[5]　朱立瑞. 模拟对讲机升级为数字对讲机的必要性分析[J]. 信息通信，2018(12)：243 – 244.

[6]　贺力. 短波超短波电台在应急通信中的应用[J]. 通信电源技术，2020，37(12)：222 – 223.

[7]　张雷. 铁路集群通信系统设备安装与调试[J]. 铁道建筑技术，2021(增刊1)：272 – 274.

[8]　黄金虎，王一帆. 成都天府国际机场800M数字集群通信网络容量及信号覆盖情况分析[J]. 数字化用户，2021，27(4)：5 – 6.

[9]　高霁月. 探究卫星通信在应急通信中的应用[J]. 通讯世界，2021，28(2)：45 – 46.

[10]　胡亚. 卫星通信在应急通信中的运用研究[J]. 科学与信息化，2021(12)：28 – 29.

[11]　许暖，刘洋. 关于网络安全态势感知体系及关键技术的思考[J]. 中国新通信，2020，22(20)：129 – 130.

[12]　吕雪峰. 北斗卫星导航系统与防灾减灾救灾[J]. 中国减灾，2018(23)：14 – 17.

[13]　张志峰，李中学. 应急状况下北斗短报文通信功能的应用[J]. 计算机测量与控制，2018，26(10)：276 – 279.

[14]　苏相琴. 北斗卫星导航系统的现状及发展前景分析[J]. 广西广播电视大学学报，2019，30(3)：91 – 94.

[15]　许博浩，郝永生，苏伟朋. 基于"北斗"的语音通信传输[J]. 电子设计工程，2015(2)：173 – 175.

[16]　赵静，苏光添. LoRa无线网络技术分析[J]. 移动通信，2016，40(21)：50 – 57.

[17]　刘琛，邵震，夏莹莹. 低功耗广域LoRa技术分析与应用建议[J]. 电信技术，2016(5)：43 – 46.

[18]　颜晓星，车明，高小娟. 基于北斗卫星的可靠远程通信系统设计[J]. 计算机工程，2017，34(3)：62 – 68.

[19]　刘云雷，蔡伟. 北斗短报文功能在侦察领域的应用[J]. 舰船电子对抗，2021，44(3)：16 – 20.

[20]　承轶青，孙凌卿，傅启明. 北斗短报文通信技术在电力系统的应用[J]. 电子世界，2018(19)：170.

[21]　柯跃前，张培宗，林英华，等. 基于北斗短报文通信的船舶导航与救援系统应用研究

[J]. 中国科技成果，2019(5)：59 - 60.

[22] 赵洋. 浅析北斗短报文在海上安全信息播发中的应用[J]. 中国战略新兴产业，2019 (22)：249.

[23] 张勇，陈正阳. 从汶川大地震看空间信息技术在震后救灾中的应用[J]. 测绘与空间地理信息，2008，31(5)：141 - 144.

[24] 陈忠贵，武向军. 北斗三号卫星系统总体设计[J]. 南京航空航天大学学报，2020，52 (6)：835 - 845.

[25] 李剑. 电力系统应急通信技术应用研究[J]. 电力系统装备，2021(7)：153 - 154.

[26] 胡运超，张贤. 浅谈建设公安应急通信保障体系[J]. 冶金管理，2020(5)：234.

[27] 卢鋆，张弓，陈谷仓，等. 卫星导航系统发展现状及前景展望[J]. 航天器工程，2020，29(4)：1 - 10.

[28] MA J, HU Y, LOIZOU P C. Objective Measures for Predicting Speech Intelligibility in Noisy Conditions Based on New Band-importance Functions[J]. Journal of the Acoustical Society of America，2009，125(5)：3387 - 3405.

[29] YAN C，ZHANG G，JI X，et al. The Feasibility of Injecting Inaudible Voice Commands to Voice Assistants[J]. IEEE Transactions on Dependable and Secure Computing，2019,18(3):1108 - 1124.

[30] WANG S，SEKEY A ，GERSHO A. An Objective Measure for Predicting Subjective Quality of Speech Coders[J]. IEEE Journal on Selected Areas in Communications，1992，10(5)：819 - 829.

[31] 徐宇卓. 语音可懂度客观评价方法研究[D]. 太原：太原理工大学，2015.

[32] 秦基伟. 语音质量客观评价系统的研究及实现[D]. 重庆：重庆大学，2013.

[33] 陈国. 语音质量客观评价理论与方法研究[D]. 武汉：华中科技大学，2001.

[34] O'SHAUGHNESSY D. Linear Predictive Coding[J]. IEEE Potentials，2002，7(1)：29 - 32.

[35] WANG L，CHEN Z，YIN F. A Novel Hierarchical Decomposition Vector Quantization Method for High - order LPC Parameters[J]. IEEE/ACM Transactions on Audio，Speech，and Language Processing，2017，23(1)：212 - 221.

[36] JAGE R，UPADHYA S. CELP and MELP Speech Coding Techniques[R]. 2016 International Conference on Wireless Communications，Signal Processing and Networking（WiSPNET）. IEEE，2016.

[37] CHANG P C，YU H M. Dither-like Data Hiding in Multistage Vector Quantization of MELP and G. 729 Speech coding[R]. Conference Record of the Thirty - Sixth Asilomar Conference on Signals，Systems and Computers. IEEE，2002.

[38] 李强，张玲，朱兰，等. 一种甚低码率声码器的设计[J]. 重庆邮电大学学报，2018，30 (6)：776 - 782.

[39] 孙凤梅，薛颜，李克靖. 基于 TMS320F24335 的声码器设计与实现[J]. 电子设计工程，2018，26(20)：189 - 193.

[40] 何丹丹. 600bps 语音编码算法研究和实现[D]. 西安：西安电子科技大学，2015.

[41] ROWE D G. Techniques for Harmonic Sinusoidal Coding[D]. Adelaide：University of South Australia，1997.

[42] 计哲. 低速率语音编码算法研究[D]. 北京：清华大学，2011.

[43] HUO Y，AO Z，ZHAO Y，et al. A Novel Push-To-Talk Service Over Beidou-3 Satellite Navigation System［R］. 2019 IEEE International Conference on Signal Processing，Communications and Computing（ICSPCC）. IEEE，2020.

[44] 苏日娇，李绍胜. SELP 低速率语音编码算法优化及实现[EB/OL]. [2012 - 12 - 31]. http://www. paper. edu. cn/releasepaper/content/201212 - 1200.

[45] 党晓妍，唐昆，崔慧娟，等. 多级矢量量化中的码本共享[J]. 清华大学学报，2006，46（1）：25 - 27.

[46] GRIFFIN D W，LIM J S. Multiband Excitation Vocoder[J]. IEEE Trans. Acoust. Speech Signal Process，1987，36(8)：1223 - 1235.

[47] 周群群. 多带激励声码器关键算法的研究[D]. 武汉：华中科技大学，2013.

[48] 郑尚新，曹梦霞. 语音信号中基频提取方法研究与综述[J]. 电脑与信息技术，2014，22(2)：8 - 10.

[49] 宋知用. MATLAB 在语音信号分析与合成中的应用[M]. 北京：北京航空航天大学出版社，2013.

[50] 赵力. 语音信号处理[M]. 北京：机械工业出版社，2016.

[51] 胡航. 语音信号处理[M]. 哈尔滨：哈尔滨工业大学出版社，2000.

[52] 敖振，李凤，马嫱，等. 基于北斗导航星座的语音与定位同传通信系统[J]. 西北工业大学学报，2020，38(5)：1010 - 1017.

[53] 唐思超. 嵌入式系统软件设计实战：基于 IAR Embekkde Workbench[M]. 北京：北京航空航天大学出版社，2010.

[54] 张会生. 通信原理[M]. 北京：高等教育出版社，2011.

[55] 高西全，丁玉美. 数字信号处理[M]. 3 版. 西安：西安电子科技大学出版社，2008.

[56] 王峰. 基于 ARM 平台的语音编解码算法分析及其在无线传输系统的设计与实现[D]. 西安：西安电子科技大学，2019.

[57] 韩纪庆，张磊，郑铁然. 语音信号处理[M]. 北京：清华大学出版社，2013.

[58] 胡航. 现代语音信号处理[M]. 北京：电子工业出版社，2014.

[59] 刘渠. 基于 DSP 窄带语音数据压缩与通信技术的研究[D]. 北京：北京邮电大学，2009.

[60] 李霞，罗雪晖，张基宏. 基于人工蚁群优化的矢量量化码书设计算法[J]. 电子学报，2004，32(7)：1082 - 1085.

[61] 李政. 我国应急通信技术发展现状与展望[J]. 现代电信科技，2011(1)：44 - 47.

[62] 尹伟，易本顺. 一种基于正弦激励的线性预测模型的语音转换方法[J]. 数据采集与处理，2010，25(2)：218 - 222.

[63] 陈冬. 刍议应急通信发展现状和技术手段[J]. 信息通信，2017(8)：186 - 187.

[64] 王少勇，王秉钧. 语音编码技术的现状与发展[J]. 天津通信技术，2000(2)：1 - 4.

[65] 李薇，胡智奇，尚秋峰，等. 语音质量客观评价方法的研究[J]. 电力系统通信，2009

(4)：64 - 67.

[66] 李军林，崔慧娟，唐昆. 极低速率语音编码中 LSP 参数的高效量化算法[J]. 清华大学学报，2004，44(10)：1422 - 1425.

[67] 许明. 低速率语音编码参数高效量化算法研究[D]. 北京：清华大学，2009.

[68] 李晔，洪侃，王童，等. 正弦激励线性预测声码器子带清浊音模糊判决[J]. 清华大学学报，2008，48(7)：1101 - 1103.

[69] 石乔林，韦凯，吴辉. 一种基于 MELP 模型 600bps 声码器的设计[J]. 电子与封装，2012，12(10)：24 - 30.

[70] 李晔，姜竞赛，崔慧娟，等. SELP 语音编码模型的抗误码改进方案[J]. 电声技术，2010，34(6)：48 - 50.

[71] 穆军雷，崔慧娟，唐昆. 一种低复杂度 2.4kb/s 正弦激励线性预测声码器方案[J]. 湘潭大学自然科学学报，2010，32(4)：112 - 116.

[72] 尹承祥，王康，闫旭，等. 应急状况下北斗短报文通信功能的应用探究[J]. 科学与信息化，2019(9)：33.

[73] 邵湘怡，陈雪娟，梅彬运. 基于 MBE 算法的语音通信原理研究[J]. 湖南文理学院学报，2009，21(3)：88 - 90.

[74] CHRISTENSEN M，JAKOBSSON A. Multi-pitch Estimation[J]. Signal Processing：The Official Publication of the European Association for Signal Processing (EURASIP)，2008，88(4)：972 - 983.

[75] 应娜，赵晓晖，董婧，等. 一种谐波正弦语音模型的最佳相位估计算法[J]. 电子学报，2009，37(4)：860 - 863.

[76] 武睿. 无线透地通信语音压缩与识别的研究[D]. 太原：太原理工大学，2017.

[77] 孔勇平. 矢量量化 LBG 算法的研究[J]. 硅谷，2008(6)：39 - 40.

[78] STREIJL R C，WINKLER S，HANDS D S. Mean Opinion Score (MOS) Revisited：Methods and Applications，Limitations and Alternatives[J]. Multimedia Systems，2016，22(2)：213 - 227.

[79] XU X，FLYNN R，RUSSELL M. Speech Intelligibility and Quality：A Comparative Study of Speech Enhancement Algorithms[R]. 2017 28th Irish Signals and Systems Conference (ISSC). IEEE，2017：1 - 6.

[80] MA J，LOIZOU P C. SNR Loss：A New Objective Measure for Predicting the Intelligibility of Noise-suppressed Speech[J]. Speech Communication，2011，53(3)：340 - 354.

[81] KONDO K. Subjective Quality Measurement of Speech[M]. Berlin，Heidelberg：Springer，2012.

[82] SANKAR M S A，SATHIDEVI P S. An Investigation on the Degradation of Different Features Extracted from the Compressed American English Speech Using Narrowband and Wideband Codecs[J]. International Journal of Speech Technology，2018，21(4)：1 - 16.